烘焙

美食生活工作室　组织编写

青岛出版集团 | 青岛出版社

图书在版编目（CIP）数据

巧厨娘十年经典 烘焙 / 美食生活工作室组编 . —
青岛 : 青岛出版社 , 2022.1
ISBN 978-7-5552-8516-8

Ⅰ . ①巧… Ⅱ . ①美… Ⅲ . ①烘焙 – 糕点加工 Ⅳ .
① TS972.127

中国版本图书馆 CIP 数据核字（2021）第 251652 号

QIAOCHUNIANG SHI NIAN JINGDIAN HONGBEI
书 名 巧厨娘十年经典 烘焙
组织编写 美食生活工作室
参与编写 圆猪猪
出版发行 青岛出版社
社 址 青岛市崂山区海尔路182号（266061）
本社网址 http://www.qdpub.com
邮购电话 0532-68068091
策划编辑 周鸿媛
责任编辑 逄 丹
特约编辑 王 燕
封面设计 毕晓郁
装帧设计 毕晓郁 叶德永
制 版 青岛乐道视觉创意设计有限公司
印 刷 青岛乐喜力科技发展有限公司
出版日期 2022年1月第1版 2022年1月第1次印刷
开 本 16开（787毫米 × 1092毫米）
印 张 14.75
字 数 350千
图 数 1491幅
书 号 ISBN 978-7-5552-8516-8
定 价 39.80元

编校印装质量、盗版监督服务电话 4006532017 0532-68068050
建议陈列类别：生活类 美食类

十年陪伴，味道传承

十年踪迹十年心

2011年，青岛出版社的《巧厨娘家常菜》和《巧厨娘妙手烘焙》悄然上市。自此，“巧厨娘”品牌出现在美食书籍市场。

图片精美，步骤讲解翔实，价格适中。好评如潮水般汹涌而来，市场反响热烈。我们坚信“巧厨娘”系列图书，贴近读者的需求，想读者之所想，是必然可以成功的作品。这也成了支撑我们继续前行的动力。

秉承着这份初心，我们不断壮大“巧厨娘”品牌。十年来，每年出版一季巧厨娘主打产品，并陆续出版了“一本全”系列、“微食季”系列等多种产品。在内容上，我们更加注重健康、实用；在版式上，我们极力追求时尚大方；在图片上，我们要求精益求精。这一系列的改变，只为能够帮助读者快速入手，让大家能够将书里的美味端到餐桌上。

十年风月旧相知

十年的时间，虽然只是岁月长河中的一朵小浪花，却是人生中的一段漫长岁月。

十年前，有些年轻的夫妻对柴米油盐的生活还不熟悉，需要一个生活指导老师来对他们进行手把手的指导。下厨做羹汤，这是生活的第一步。“巧厨娘”实用性强的特点吸引了他们，帮助他们度过了那段懵懂的岁月。那个时候烘焙也刚成为大家的新宠，走在时尚前沿的《巧厨娘妙手烘焙》抓住了这一时代潮流。

十年后，“巧厨娘”传承的味道印在了孩子们的记忆里。孩子们逐渐成长为少年、青年。他们把爸爸妈妈学到的烹饪技能传承了下来。

有的也开始使用新的“巧厨娘”产品，自己下厨做菜。从十指不沾阳春水，到奏响锅碗瓢盆交响曲，把这份爱回馈给辛苦的父母，把这份爱传递给心爱的孩子。

十年磨剑锋刃出

有了十年的积淀，有了读者十年的喜爱，出版这一套“巧厨娘十年经典”系列图书，就是水到渠成的事情了。

这一系列图书共包含《小炒》《凉拌菜》《汤煲》《主食》《烘焙》《家常菜》6种产品，选取了前期作品中的经典菜肴为主打内容，也适当加入了一些新的内容。希望您一如既往地关注我们。

美食生活工作室

巧厨娘十年经典 烘焙

目录CONTENTS

Part 1 烘焙前传 赛前热身

【一、工具篇】

【二、材料篇】

【三、烘焙基本操作】

【四、绕不开的“打发”】

Part 2 饼干篇

Part 3 蛋糕篇

Part 4　面包篇

Part 5 酥挞篇

Part 6 健康零食篇

扫一扫，加入青版图书数字服务公众号，选择“巧厨娘十年经典 烘焙”即可观看带图标的美食制作视频。

Part 1

烘焙前传
赛前热身

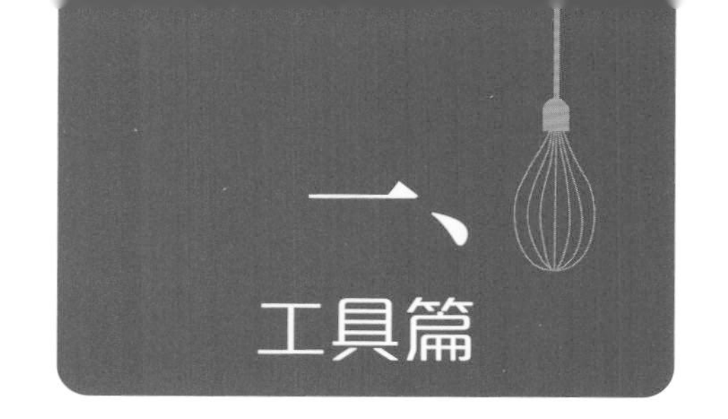

初学烘焙，首先从认识烘焙工具开始。根据西点制作的流程，我们将烘焙工具分为七大类：测量工具、分离工具、搅拌工具、整形工具、成形工具、烘烤工具、刀类工具。需要提醒的是，初学者并不需要购买以上全部工具，可参照下面的“烘焙工具配置清单”，根据自己的具体情况进行选购。

烘焙工具配置清单

	基础工具	数量	备选工具
测量工具	电子计量秤（也可用普通秤）√ 量匙√	1个 1套	电子计时器、温度计、量杯
分离工具	手执式面粉筛√ 分蛋器	1个 1个	盆式面粉筛
搅拌工具	电动打蛋器√ 手动打蛋器√ 橡皮刮刀√	1个 1个 1个	
整形工具	塑料刮板 木制擀面杖√	1个 1根	排气擀面杖
成形工具	6寸活底蛋糕圆模√ 8寸活底蛋糕圆模 8寸方形烤盘√ 8寸活底派盘 450克吐司模 布丁模 小蛋糕/马芬纸杯√ 一次性裱花袋 裱花嘴（叶子嘴、排齿嘴、星形嘴、玫瑰花嘴、菊花嘴、圆形嘴）	1个 1个 1个 1个 1个 1个 15个 100个 6个	固底圆模 日式戚风模 花形蛋糕模 慕斯圈 甜甜圈印模 饼干模 面包纸模 裱花嘴转换头 糯米花托 铁制花托
烘烤工具	25升家用烤箱√ 烘焙油纸√ 锡纸 硅胶垫	1台 10张 1卷 1张	油布
刀类工具	奶油抹刀 齿形面包刀 蛋糕脱模刀	1把 1把 1把	轮刀 雕刻刀

★以上工具可在本地烘焙店或网上烘焙店一次性购买。标记“√”的工具建议初学者必备。

测量工具

常用烘焙材料计量换算表

干性材料	液体材料
酵母粉 1小匙 = 3克	清水 1大匙 = 15毫升 = 15克
鱼胶粉 1小匙 = 3克	色拉油 1大匙 = 15毫升 = 14克
泡打粉 1小匙 = 4克	牛奶 1大匙 = 15毫升 = 14克
盐 1小匙 = 5克	蜂蜜 1大匙 = 21克
奶粉 1大匙 = 7克	蛋黄 1颗 ≈ 20克
可可粉 1大匙 = 7克	蛋白 1颗 ≈ 35克
玉米淀粉 1大匙 = 12克	
细砂糖 1大匙 = 12克	

本书中各种规格量匙计量换算表

1 小匙（tea spoon）	=	5 毫升
1/2 小匙（tea spoon）	=	2.5 毫升
1 大匙（table spoon）	=	15 毫升
1/2 大匙（table spoon）	=	7.5 毫升

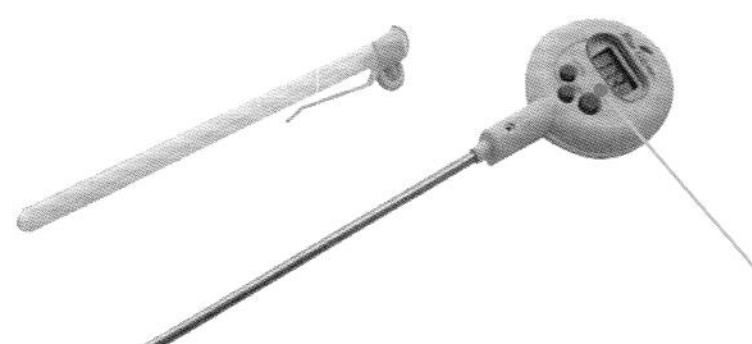

温度计：测量面团和液体的温度。

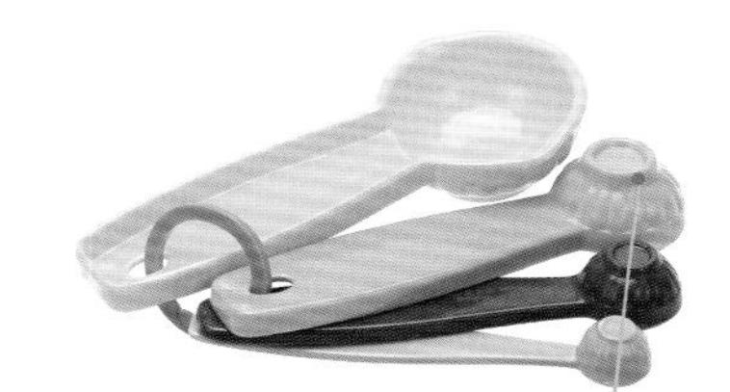

量匙：称量少于10克的干性材料及液体材料。称量材料时以一平匙为准。

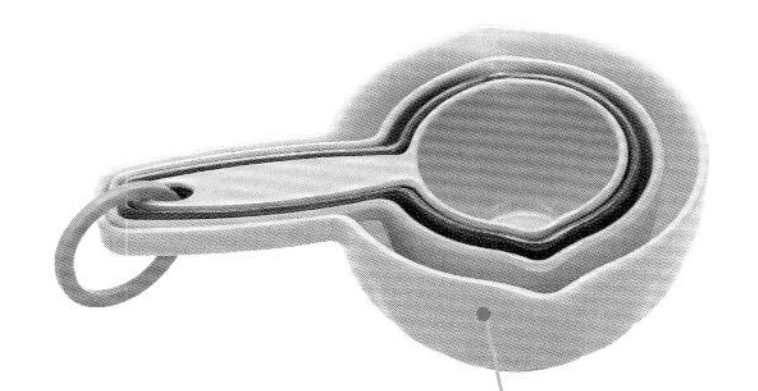

量杯：称量多于10克的干性材料及液体材料。称量材料时以一平杯为准。

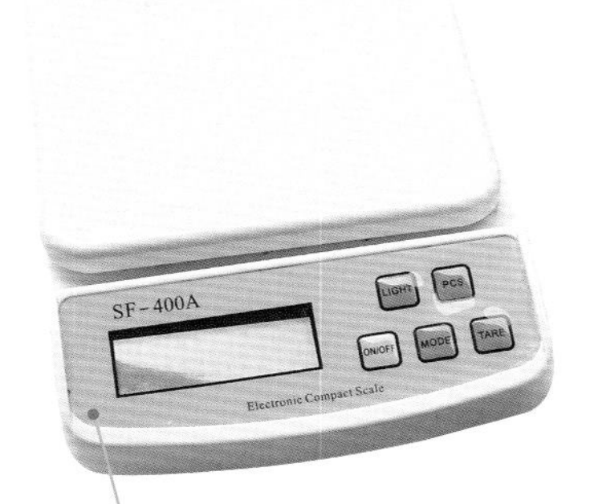

电子计量秤：用于称量各种材料。制作时要先将材料称量准确才能做出成功的西点。也可用普通计量秤。

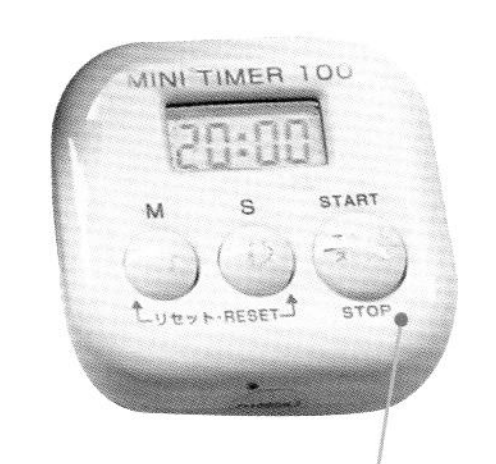

电子计时器：有的家用烤箱没有准确标明时间刻度，用电子计时器可以准确地掌握烘焙时间。

分离工具

盆式面粉筛：用于过筛面粉及其他粉类。适用于大量粉类。

分蛋器：用于分离蛋白和蛋黄。

搅拌工具

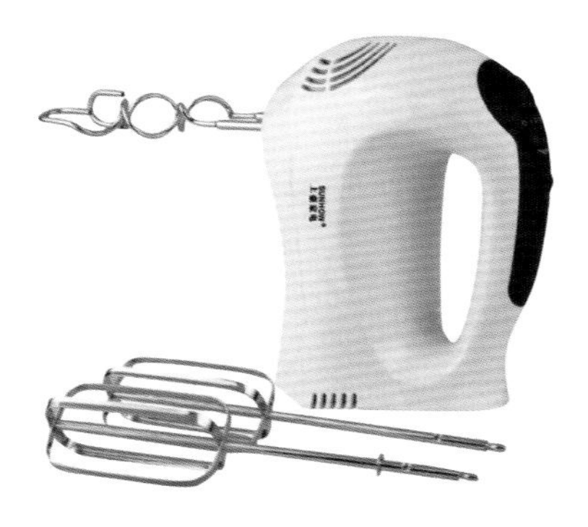

电动打蛋器：配有打蛋头、搅拌棍等配件。其中打蛋头多用来打发蛋白、全蛋、鲜奶油、黄油等，搅拌棍用来搅拌含水量65%左右的湿性面团。

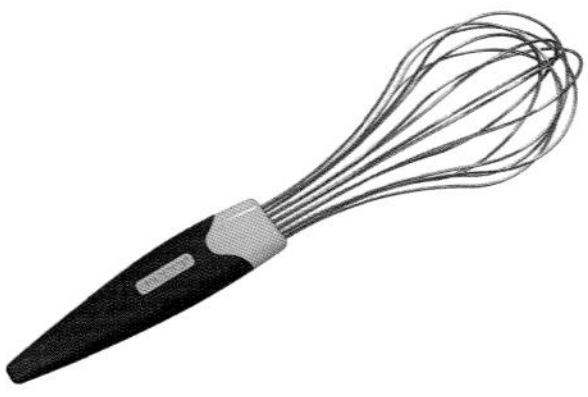

手执打蛋器：用于打发鲜奶油、蛋液及搅拌面糊。

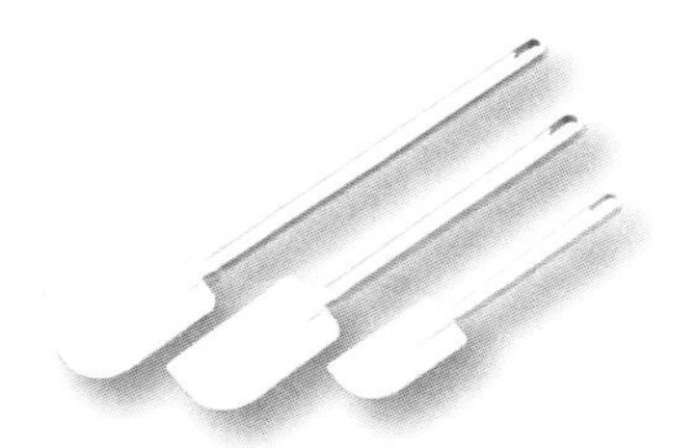

橡皮刮刀：用于拌匀、混合各种材料。

手动打蛋器和电动打蛋器有什么不同?

手动打蛋器常见的材质为不锈钢，是制作西点时必不可少的烘焙工具之一。手动打蛋器价格低廉，购买方便，可以用于打发蛋白、黄油等。但使用手动打蛋器费时费力，且打发效果不佳。如果需要打发全蛋、动物鲜奶油这类材料时，就请考虑购买一台电动打蛋器吧。

电动打蛋器包含一个电机身，配有打蛋头、搅拌棍两种搅拌头。购买时建议选择自己信赖的品牌，功率以250～300W为宜。若功率太小，不易将材料打发，也容易烧坏机器。电动打蛋器的打发时间较手动打蛋器短很多，也更加省力。

整形工具

排气擀面杖：塑料材质，上面有凸起的一排排小点，在擀压发酵面团，如面包、比萨面团时，突出的小点可以帮助排气。

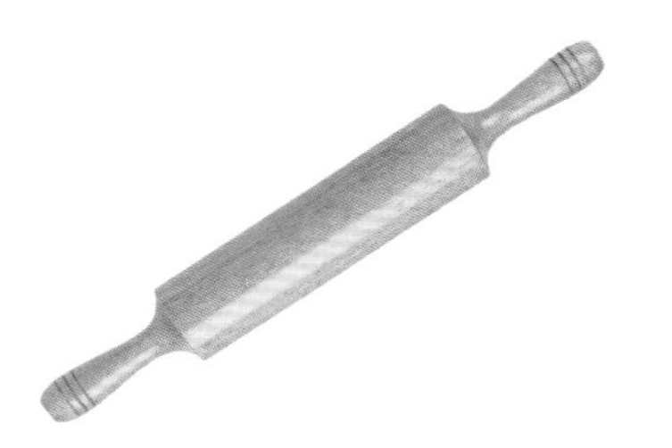

木制擀面杖：用于擀制各种面皮。

塑料刮板：刮板是制作面包、蛋挞、饼干的基础整形工具，可以用来切割面团、刮平蛋糕糊的表面、刮平巧克力淋面，也可用来刮起案板上的散粉，减少操作中的材料浪费。

成形工具

（注：以下只是对各种成形工具进行了粗略的分类，并无严格界限，做面包、蛋糕有时可以混用。）

蛋糕模

8寸方形烤盘：用于烤方形蛋糕及面包。烤蛋糕时要垫油纸，烤面包时要涂黄油防粘。

日式戚风模：也称为中空戚风模，比普通的模具多一根中心柱管，可以帮助烘烤中的蛋糕长高，使之更易熟。

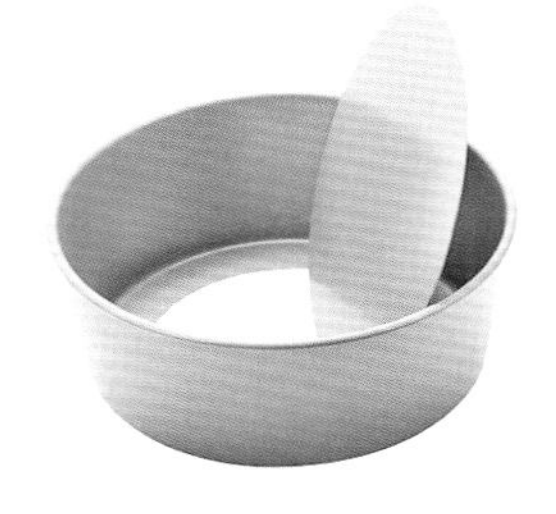

活底蛋糕模：制作戚风蛋糕、海绵蛋糕时，使用活底蛋糕模比较方便脱模。6寸、8寸两种规格最常用。

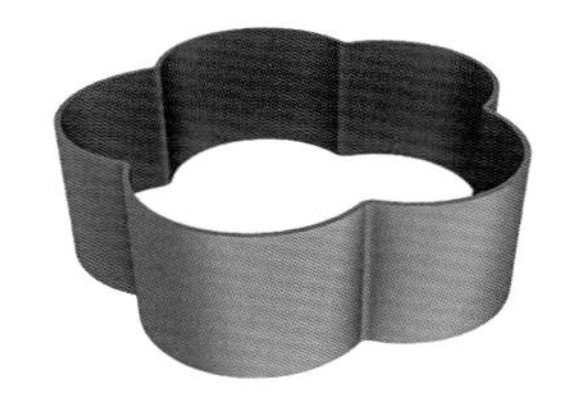

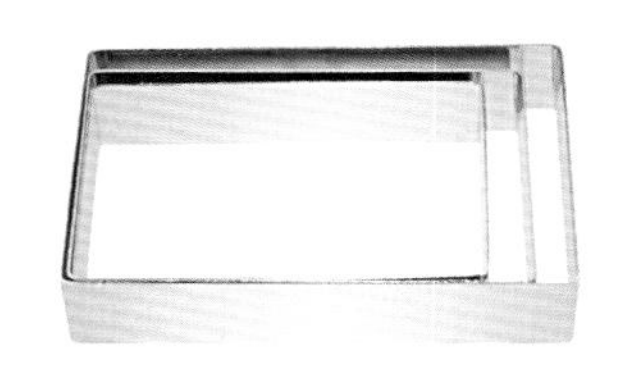

慕斯圈：有花形、方形等不同形状的慕斯圈，做慕斯蛋糕时使用。

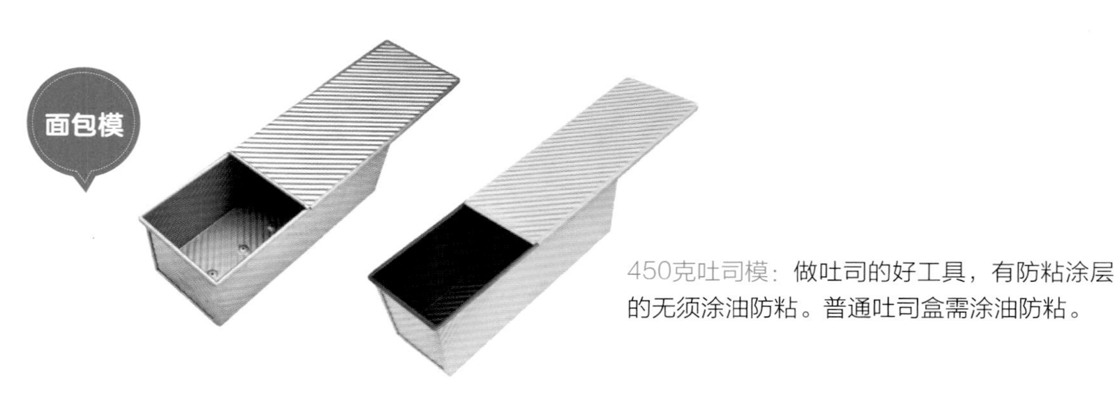

450克吐司模：做吐司的好工具，有防粘涂层的无须涂油防粘。普通吐司盒需涂油防粘。

长方形烤模：烤磅蛋糕及小吐司时会用到。

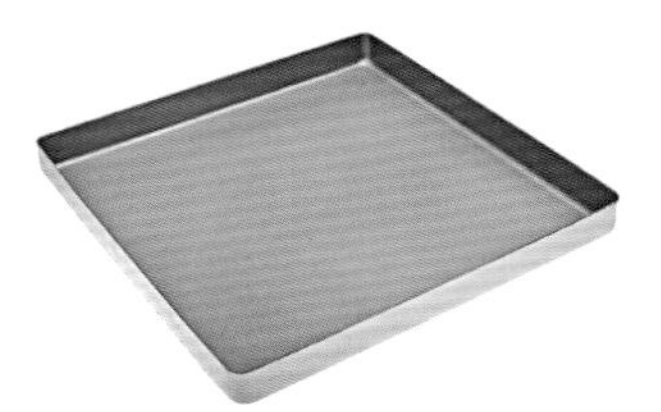

28厘米方形烤盘（金色不粘）：一次可以烤较多的饼干和面包。因其防粘效果好，故使用时一般不需预先涂油或铺垫油纸、油布等。

甜甜圈圆模：制作甜甜圈的工具，也可用杯子代替。

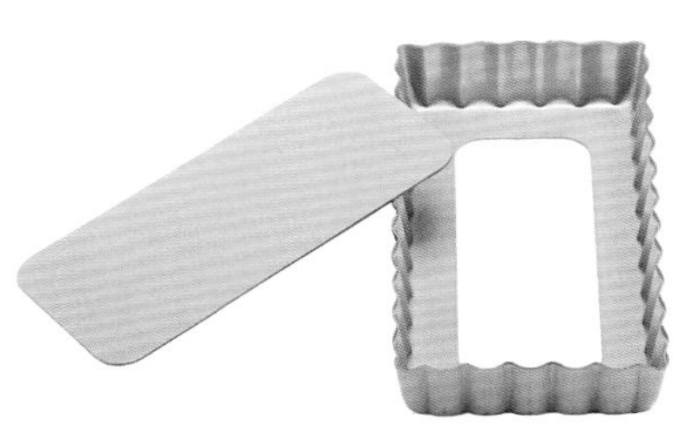

长方形派盘：活底，易脱模，防粘效果好。

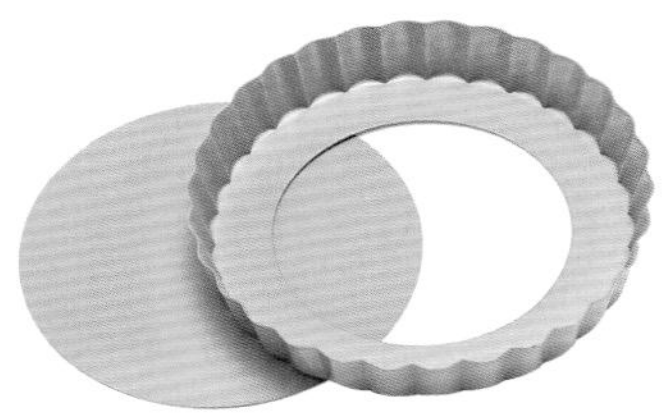

8寸活底派盘：烤甜派或咸派时使用。

比萨盘：做比萨时使用，也可直接用烤箱烤盘。

花形挞模：做花式水果挞时使用，也可用普通蛋挞模替代。

蛋挞模：做葡式蛋挞时使用。

三、烘焙基本操作

面粉过筛

面粉过筛不但可以减少面粉结块的现象，而且过筛使面粉中充满空气，增加面粉的蓬松度，做出来的成品组织会更均匀、细腻。

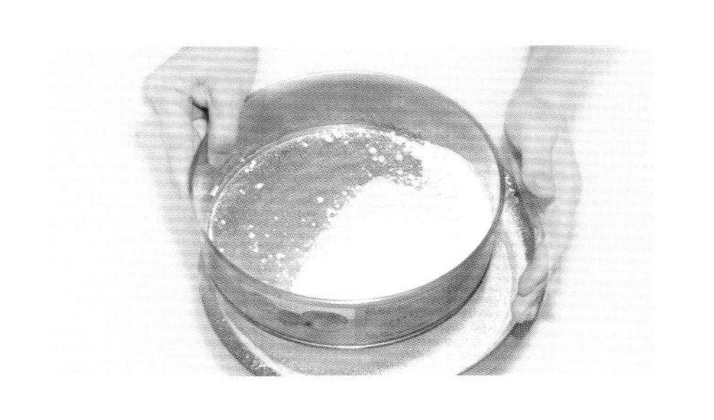

室温回温

制作饼干、磅蛋糕、马芬蛋糕时，鸡蛋、牛奶及鲜奶油等液体材料都需要提前从冰箱取出，在室温下回温。因为如果将过冷的液体材料加入打发的黄油中，会造成油水分离。

室温软化

黄油、奶油奶酪这两种材料都需要提前从冰箱冷藏室取出，切成小块放在室温下软化，软化至用手指可以轻松按压出手印即可。

隔水加热

化开黄油、巧克力、吉利丁片，以及制作某些酱类、给蛋液加温时，都需要隔热水加热，因为如果直接明火加热的话，容易把材料烧煳。

隔水加热时，每种材料所需的温度都不同，具体见下表。

材料	隔水加热温度
黑巧克力	50℃
白巧克力	45℃
吉利丁	60 ~ 70℃
全蛋液	45℃左右
黄油	温度要求不高，化开即可

分离蛋白、蛋黄

要使用新鲜的鸡蛋，否则就不容易分离开，而且蛋黄很容易破裂。新鲜的鸡蛋，蛋壳表面摸起来略粗糙，用手摇晃感觉充实。不新鲜的鸡蛋，蛋壳表面较光滑，有时还有黑点，用手摇晃能感觉到内部有空隙，蛋液也随之摇晃。

分蛋时，最好先将鸡蛋打在一个小碗里，再将蛋白、蛋黄分开，放入不同的容器中。这样即使中间哪一颗鸡蛋没分好，也不会破坏其他分好的鸡蛋，只要再换个干净的小碗重来即可。

翻拌、切拌

橡皮刮刀是一种软质、如刀状的工具，是西点制作时不可缺少的利器。虽然称为“刀”，可它并不锋利，它的作用是将各种材料拌匀，以及将盆底的材料刮干净，一点儿也不浪费。

在使用橡皮刮刀时，通常不用来“搅拌”，而是由盆底向上将材料翻起，称为“翻拌”，或是像切菜一样将材料从中间纵向切下，从而使材料混合均匀，称为“切拌”。为什么这时不用“搅拌”而是用“翻拌”或是“切拌”呢？“搅拌”通常指顺时针或是逆时针方向反复的、以划圈的形式来搅动，这样的做法力道远比“翻拌”“切拌”来得大。如果用“搅拌”的方式混合面糊，就很容易起面筋，导致做出来的蛋糕、饼干口感不够松软；当需要将面粉等材料与打发的蛋白混合时，如果使用“搅拌”的方式，就很容易造成打发的蛋白消泡。

翻拌

切拌

预热烤箱

无论烤什么东西，烤箱都要提前进行预热，因为如果不预热烤箱就把食物放进去烤制，那么食物在升温过程中就会散失水分，烤出来的东西会又干又硬。

烤箱的预热方法很简单，以烤饼干为例，如果要求165℃上下火烤25分钟，就将旋钮调至上下火，将烤箱温度调至165℃（要考虑烤箱温差后根据具体情况设置）开始加热，10～15分钟后烤箱就会达到预设的温度，加热管由亮变暗，说明预热完成，这时再将已经制作好的饼干生坯放入烤箱中，设置时间为25分钟即可。

蛋糕脱模

刚烘烤出来的蛋糕，在还没有完全散热前不要急于脱模，因为这时蛋糕还很软，如果急于脱模就会造成蛋糕破碎、残缺、塌陷。

在确定模具已经降至室温了，就可以开始用脱模刀帮助脱模，尽量沿着模具边缘，小心地划过。一定要一气呵成，中途不要提起脱模刀，以免再次插入时破坏蛋糕体。将蛋糕从模具中取出后，再用蛋糕抹刀从蛋糕底部和模具中间划出来。

四、绕不开的“打发”

制作疏松的饼干，要打发黄油；制作细腻松软的蛋糕，要打发黄油、鸡蛋等；还有鲜奶油，更是要打发到不同程度，才能适应不同的需要。推荐使用不锈钢材质的打蛋盆，要选择较深且容量大的，这样在搅拌的过程中材料才不会飞溅得到处都是。

蛋白打发

蛋白打发通常用来制作戚风蛋糕、分蛋海绵蛋糕等。蛋糕能够膨胀、松软的主要原因就在于鸡蛋的打发。鸡蛋的打发又分为两大类：蛋白的打发、全蛋的打发。蛋白含有一种能降低表面张力的蛋白质，将空气搅打进入后产生泡沫从而增加表面积；蛋白还含有一种黏性蛋白，能形成薄膜使打入的空气不至于外泄。蛋白打发有一定的难度，适合有一定基础的烘焙爱好者尝试。具体操作过程如下：

1. 将冷藏鸡蛋的蛋黄与蛋白分开，分别装在无水无油的打蛋盆内。
2. 在蛋白中加入少量塔塔粉，或是滴入几滴白醋。
3. 用电动打蛋器的1挡（低速），搅打约1分钟。打至蛋白呈现粗大的气泡（鱼眼泡），此时加入1/3的细砂糖。
4. 将电动打蛋器转至3挡（中速）继续搅打。搅打约1分钟后，蛋白的气泡变得细小，体积膨胀至原来的2倍大。此时提起打蛋头，蛋液无法粘在打蛋头上而流下，晃动打蛋盆见蛋白液仍可流动。
5. 再加入1/3的细砂糖，开启3挡继续搅打。
6. 搅打约1分钟后，蛋白气泡变得更加细腻，有些微纹路。提起打蛋头，打蛋头上的蛋液呈下垂状态，盆内的蛋白无法直立。此时称为八分发（也称湿性发泡，适合制作轻乳酪蛋糕等）。

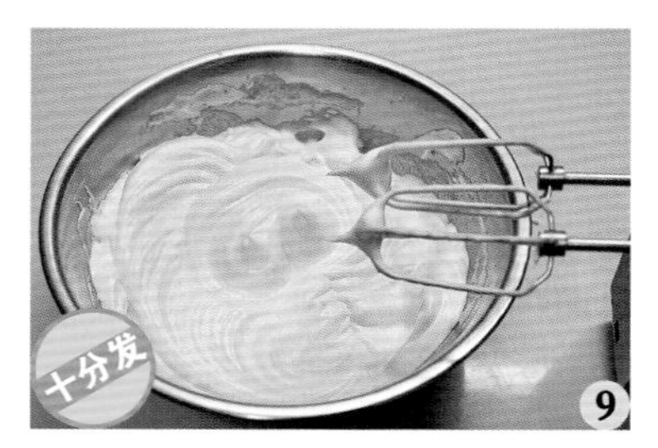

7. 加入剩下的1/3细砂糖，继续用3挡搅打。
8. 在搅打的过程中会发现蛋白液变得越来越硬挺，打蛋头经过的纹路也越来越细。提起打蛋头，打蛋头上的蛋液呈略长、略弯曲的状态。打蛋盆内的蛋液可直立，尖峰向下略弯曲。此时就达到九分发（也称中性发泡，适合制作中空戚风蛋糕、蛋糕卷等）。
9. 继续用3挡搅打约1分钟，提起打蛋头，打蛋头上的蛋液呈略短、直立的状态。打蛋盆内的蛋液可直立，尖峰短小。此时就达到十分发（也称硬性发泡，适合制作圆模戚风蛋糕、分蛋海绵蛋糕等）。

错误打发：

打发过度的蛋白霜，大量的蛋白会粘在打蛋头上，蛋白内部充满粗糙如棉絮般的组织。用这样的蛋白霜制作出来的蛋糕干燥、膨胀度不高。

>>>蛋白打发的常见问题

蛋白打发法是用冷藏鸡蛋，还是用室温鸡蛋?

打发蛋白要使用冰箱冷藏的鸡蛋。首先因为冷藏过的鸡蛋更容易分开蛋白和蛋黄。再者是因为蛋白温度越低，越能打出细致坚实的气泡，打发后的稳定性和持久性也较好。虽然室温鸡蛋较冷藏鸡蛋更容易打发，但其稳定性较差。

打发蛋白为什么要加少许白醋、柠檬汁或是塔塔粉呢?

蛋白属碱性物质，添加一些酸性物质如白醋、柠檬汁或塔塔粉可以使其更容易发泡，但要注意不能添加过多，以免酸味过重。

蛋白打发时为什么细砂糖不一次加入而要分成三次加入呢?

因为一次加入全部细砂糖会抑制蛋白的打发效果，在最初阶段添加全部的细砂糖，会比分成三次更难打发。相较于一次全部加入，分成三次加入可以产生更多的气泡，蛋白打发的体积也更大。

蛋黄打发

打发蛋黄做出的蛋糕糊不易消泡，做好的蛋糕组织绵密、细腻，有浓郁的蛋香和很好的保湿性。蛋黄打发的操作过程如下：

1. 将蛋黄放入干净、无水无油的打蛋盆内，加入细砂糖。锅内加水烧至45℃左右（也可用手试一下，感觉略有些烫即可），将打蛋盆放入热水锅中。
2. 边加热边用手动打蛋器搅拌至细砂糖化开，当蛋黄液温度达到38℃左右，将打蛋盆从温水锅中取出。
3. 用电动打蛋器中速搅打蛋黄，开始时蛋黄液是黄色的。
4. 搅打约5分钟时蛋黄液开始变得浓稠，色泽转为浅黄色。提起打蛋头，蛋黄液如流水般快速流下。
5. 继续搅打，一直打到打蛋头经过的地方会泛起纹路，提起打蛋头时蛋黄液较慢地流下，流下的痕迹在5秒内缓慢消失，即完成打发。

注意事项

◎ 蛋黄在空气中容易变得干燥，所以分离后要及时覆盖保鲜膜。加入细砂糖后要立即搅拌，否则细砂糖会吸收水分，造成蛋黄变硬、干燥，溶解性变差，乳化能力也随之降低。

◎ 在打发蛋黄时，为了让蛋黄更好地乳化，要把蛋黄隔水加热，以帮助打发。隔水加热时水温控制在45℃左右，加热时要不停地搅拌，让蛋黄液受热均匀，避免热水将盆边的蛋黄液烫熟。蛋黄的打发时间比全蛋更长，所以在搅拌的时候要有耐心。

全蛋打发

全蛋打发通常用来制作全蛋海绵蛋糕、蜂蜜蛋糕、巧克力蛋糕等。全蛋打发比分蛋打发要难，更不易打发，原因是全蛋当中含有蛋黄，蛋黄中有1/3是脂质，脂质会破坏鸡蛋的气泡。所以全蛋打发耗时要更长，稳定性较差。全蛋打发的优点在于：不需要分蛋，烘烤时间短，蛋糕成熟快、组织细致紧密、蛋香浓郁。全蛋打发适合有一定基础的烘焙爱好者尝试。打发过程如下：

1. 将鸡蛋敲入干净、无水无油的大盆内。将全部砂糖加入鸡蛋中。
2. 锅内注入一半凉水，将打蛋盆放入锅中，开小火开始加热，即隔水加热。边加热边不断用手动打蛋器搅拌，直至蛋液和砂糖混合均匀。
3. 当蛋液温度达到约体温时，端离热水，开始用电动打蛋器搅打。
4. 开启打蛋器的3挡（中速），搅打约1分钟。
5. 搅打后的状态如图：气泡很大，蛋液呈黄色，蛋液体积比原来（图4）略大。
6. 继续用3挡搅打约1分钟。
7. 蛋液开始膨胀至原来的2倍大，此时的气泡变成中等大小，色泽仍然是黄色。提起打蛋头，蛋液马上滴落，无法形成连续的缎带状。
8. 继续用3挡搅打约2分钟。
9. 此时蛋液体积不再变大，但是气泡已经变得细小，色泽开始慢慢发白。

10. 继续用高速搅打2～3分钟，鲜奶油变得更为坚挺了，提起打蛋头，呈球状粘在打蛋头上。此时为十分发（适合做蛋糕裱花）。
11. 十分发的鲜奶油，即使倒扣打蛋盆，也呈纹丝不动的状态。
12. 接下来将打发好的鲜奶油装入裱花袋中，就可以挤出任意花形了。

! 注意事项

◎ 动物鲜奶油在打发前需放入冰箱冷藏12小时以上，使用前要摇匀再倒出。
◎ 一定要使用电动打蛋器才能达到最好的效果。

>>>鲜奶油打发的常见问题

? 打发鲜奶油为什么要隔冰?

因高速搅打时会产生热量，造成鲜奶油打发困难。没有隔冰打发的鲜奶油色泽偏黄，看起来粗糙松散。隔冰打发的鲜奶油，打发的状态顺滑紧实、稳定性更好。

? 为什么有的鲜奶油打发时间长，有的打发时间短?

鲜奶油所含的乳脂肪含量不同，打发所用的时间也不同。乳脂肪含量高的鲜奶油，脂肪球的数量比乳脂肪含量低的鲜奶油多，因此在打发时脂肪球之间的撞击比率更高，可以更早形成打发状态。

? 打发后的鲜奶油用不完怎么办?

打发后的鲜奶油应用密封性好的容器盛装，放入冰箱冷藏保存，并在3天内尽快用完。如果长时间暴露在空气中，鲜奶油很快就会消泡，变得粗糙。

意式奶油霜打发

意式奶油霜由意式蛋白霜和黄油结合而成，意式蛋白霜则是将水和白砂糖（比例为1：2）加水熬煮（温度为116~118℃）成糖浆，以边打发蛋白边加入糖浆的方法做成的蛋白霜。添加高温的糖浆可以杀灭蛋白中的细菌，同时也使蛋白霜更加稳定，不易消泡。操作方法如下：

材料：细砂糖57克，清水25克，蛋白70克，黄油225克

1. 将50克细砂糖和25克清水放入小锅内，用中火熬煮，待温度达到100℃时开始打发蛋白：将蛋白加7克细砂糖，用电动打蛋器中速打至八分发。
2. 待糖浆熬煮至117℃时立即离火。
3. 分2次将糖浆倒入打发好的蛋白中，注意不要倒到盆边或打蛋头上，两次倒糖浆时间间隔不要太久。
4. 每倒一次，都要用电动打蛋器高速打发至硬性发泡，放凉至手摸盆底感觉不到热。
5. 将软化好的黄油放入另一个打蛋盆中，用电动打蛋器搅打松散。
6. 分2次加入打发好的蛋白霜，每次都要用电动打蛋器中速搅打均匀。做好的意式奶油霜成品应为细腻、光滑的乳膏状。

注意事项

◎ 熬煮糖浆的火力要适当，太小则容易使糖浆结晶，太大又会烧干，故通常用中火来熬煮。

◎ 开始打发蛋白的时间要适当，过早打发，蛋白霜放置时间太长，气泡会自然破掉而消失，且打发过度的蛋白会有水分析出，变得干燥、失去弹性，气泡也容易破掉。

Part 2

饼干篇

鸡蛋饼干

难度★
数量 18 块

材料 黄油 40 克，糖粉 30 克，盐 1/16 小匙，蛋黄 1 颗，低筋面粉 40 克，玉米淀粉 60 克

准备
1. 黄油提前于室温下软化。
2. 低筋面粉和玉米淀粉混合后过筛。
3. 蛋黄在碗内打散成液态。

步骤

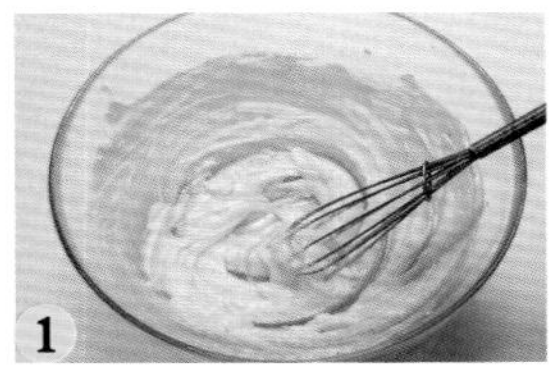

1 先用手动打蛋器将软化好的黄油搅打均匀，再加入糖粉、盐搅打均匀。

2 分次少量地加入蛋黄液，每次搅打至蛋、油充分融合，再加入下一次。

3 加入过筛的低筋面粉和玉米淀粉。

4 用橡皮刮刀大致拌匀。

5 用手抓捏均匀成面团，备用。

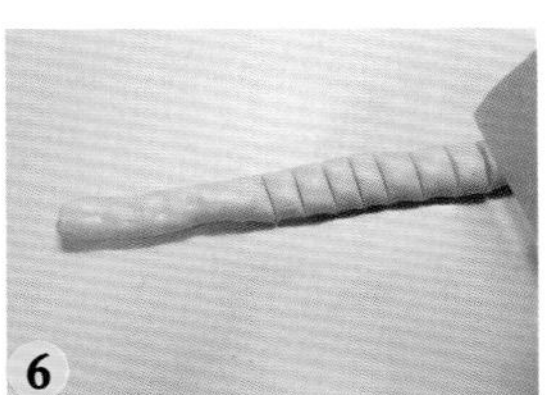

6 将面团放至案板上，揉搓成长条状，用橡皮刮板分割成 18 份。

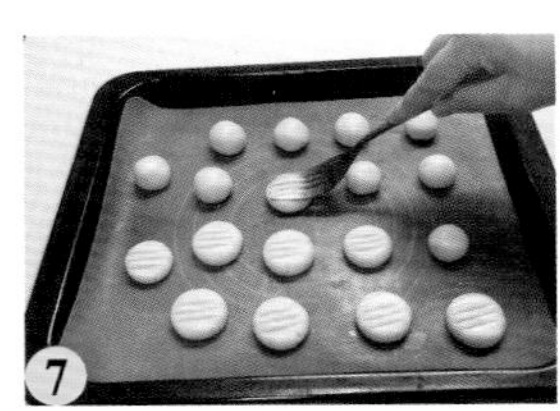

7 用双手将面团搓成圆球，摆放在垫有硅胶垫的烤盘上，中间预留空隙。再用餐叉将圆球压扁，压出花纹。

8 烤盘放入预热好的烤箱，以上下火 170℃、中层烤 15 分钟，再移至上层，以 160℃烤 5 分钟即成。

◎ 从冰箱的冷藏室取出黄油后，应切成小块，会加速其软化。冬季气温较低，也可用微波炉解冻挡加热 1 分钟至软化。但切记不可把黄油直接化成液态。

◎ 做饼干时放少许盐，除了可以增加咸味，还可以中合甜味，使其不那么甜腻。但要严格控制加入的量，用牙签挑一点儿盐即可，不多于 1/16 小匙，否则用太多就变得过咸了。

◎ 有些家用烤箱不能分别调节上下火温度，因此上下火只能以相同温度来烘烤。这样，饼干底部在烘烤过程中会最先上色、烘干，如果长时间放在中层烘烤会造成饼干底部变焦而饼干上层还未上色的情况。因此在烤至适当时间后要把烤盘移至上层。为避免烤箱降温，移动时动作要快，并戴上隔热手套防烫。

奶香小熊饼干

难度★
数量 2 盘约 30 片

材料 黄油 55 克，糖粉 50 克，全蛋液 25 克，中筋面粉 125 克，高筋面粉少许

特殊工具 小熊饼干模

步骤

1 黄油提前于室温下软化，用电动打蛋器打散，加入糖粉，先手动拌匀，再低速转中速搅打至膨胀。

2 分次少量地加入全蛋液，每次需搅打至完全融合，方可加入下一次，搅拌至呈乳膏状。

3 筛入中筋面粉，用橡皮刮刀翻拌均匀。

4 用手抓捏成面团，盖上保鲜膜松弛 15 分钟。

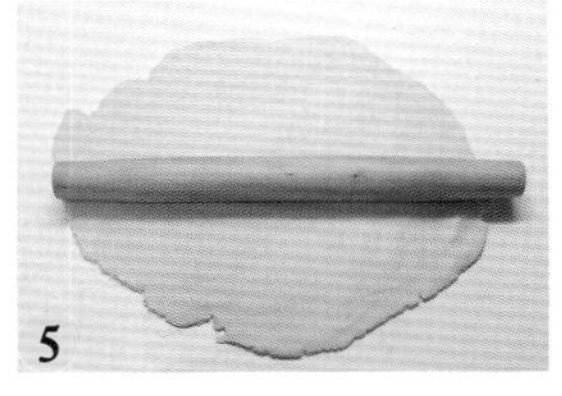

5 案板上撒少许高筋面粉，用擀面杖将面团擀成 2 毫米厚的圆饼。

6 用小熊饼干模按压出饼干的形状。

7 小心地将边缘的面片取出后，再用刮板取出小熊饼干生坯，移至烤盘中。

8 烤箱于 175℃预热，放入烤盘，以上下火 175℃、中层烤 10 ~ 12 分钟。

◎ 制作饼干面团，要让黄油和面粉完全混合，抓捏成团，而不要像做馒头那样揉面，容易产生筋性。
◎ 夏天时面团太黏，可包上保鲜膜，放入冰箱冷藏 1 小时后再制作。
◎ 用刮板帮助取出饼干生坯，摆上烤盘时也要把饼干生坯摆正，这样才能烤出漂亮的形状。

Do not leave the lens pointed at
leave the lens pointed at the sun for an extended period.
source for an extended period. This may cause the image sensor to
may cause the image sensor to produce a white blur effect in
tools, or subject it to
from a blower. These a
deform, or tear the c
The shutter curtain
unevenly colored.
pictures and doe

玛格丽特小饼干

难度★★

数量 18 块

材料 黄油 60 克，糖粉 30 克，低筋面粉 50 克，玉米淀粉 50 克，鸡蛋 1 颗

步骤

1 用凉水煮熟鸡蛋，剥壳取出蛋黄，放入手执面粉筛中，用勺压成粉状。

2 将低筋面粉、玉米淀粉、蛋黄粉混合均匀。

3 黄油切小块，于室温下软化后，用电动打蛋器以低速打散。

4 加入糖粉，先用电动打蛋器以低速打至混合。

5 当糖、油混匀后，再转高速打至黄油体积膨大一倍，色泽转为浅黄色。

6 将步骤 2 混合的粉类放入打发好的黄油内。

7 用手抓捏，使粉、油混合，一开始会呈现偏干的状态。

8 到粉、油完全融合，即成饼干面团。

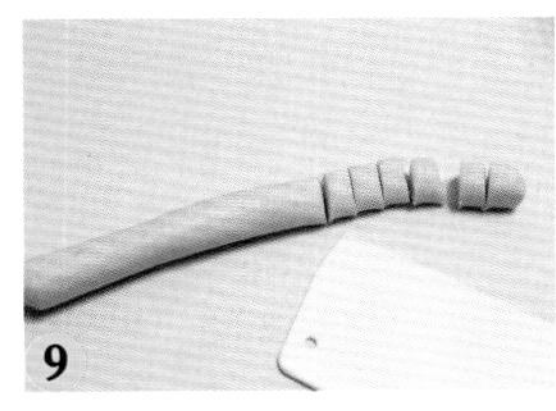

9 将面团搓捏成长条状，再用刮板切割成 18 份。

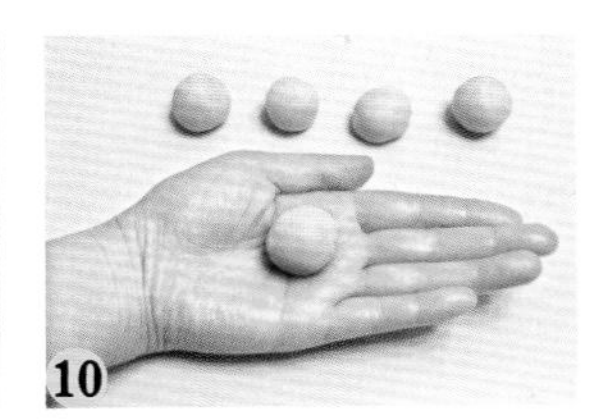

10 用双手将面团搓成均匀的圆球。

11 将圆球放入烤盘，用大拇指将圆球中间按扁，边缘裂开。

12 烤箱预热后，放入烤盘，以上下火 165℃、上层烤 20 分钟。

◎ 鸡蛋要煮到全熟，这样蛋黄才比较干爽，容易压成粉。
◎ 在进行第二步时，要有耐心地将蛋黄粉、低筋面粉和玉米淀粉混合均匀，让混合物的色泽一致。
◎ 烤饼干的最后 5 分钟一定要在一旁照看着，发现饼干上色后要马上取出来，以免上色过深。

植物油核桃酥

难度★★

数量 15 块

材料 A: 低筋面粉 100 克，泡打粉 1/4 小匙，小苏打 1/8 小匙

B: 植物油 50 克，糖粉 50 克，蛋黄 1 颗（22 克），核桃仁少许

步骤

1 将材料 A 的粉类全部混合均匀，过筛后备用。

2 植物油内加入蛋黄，用手动打蛋器搅打均匀。

3 加入糖粉，用手动打蛋器搅拌至化开。

4 加入步骤 1 过筛的粉类。

5 用橡皮刮刀翻拌均匀。

6 核桃仁切成块，放入烤箱中层，以 150℃烤 5 分钟。

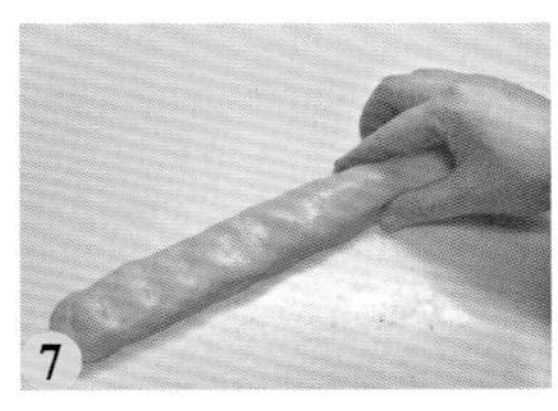

7 面团放置案板上，用双手抓捏成长条状。

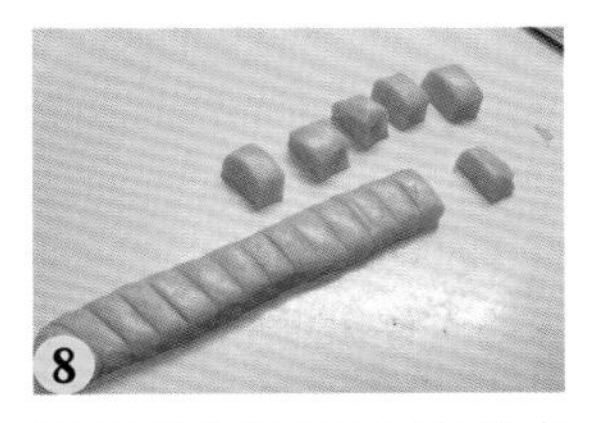

8 再用刮板将面团分割成 15 小段。

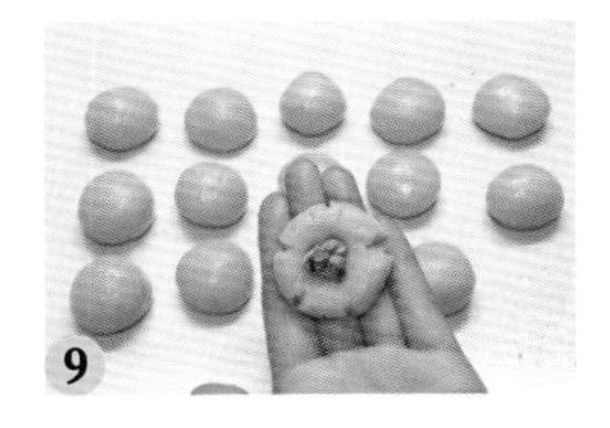

9 将分成小段的面团搓成圆球，用大拇指按扁面团的中间，放上 1 块核桃仁即可。

10 将做好的核桃酥生坯放入烤盘，中间留足空隙。烤箱于 175℃预热，放入烤盘，以上下火 175℃、中层烤 12 分钟即成。

制作心得

◎ 传统的核桃酥是用猪油做的，现代人追求健康的饮食，于是就用植物油来做。所选用的植物油一定要无味、色淡，如橄榄油、葵花子油、玉米油等，不要用花生油等口味重的油。

◎ 烤核桃仁时不需要事先预热烤箱，直接放进去烘烤即可，烤时要在旁边看着以免烤糊。

蛋白瓜子酥

难度★
数量 2 盘 18 片

材料 A: 蛋白（无须打发）40 克，糖粉 40 克，色拉油 40 克，低筋面粉 40 克，盐 1/16 小匙
B: 瓜子仁 60 克

准备
1. 瓜子仁先放入烤箱，以 150℃、中层烤 10 分钟，放凉。
2. 低筋面粉用面粉筛筛入碗内，备用。

步骤

1 色拉油加糖粉、盐搅拌均匀后，再加入蛋白搅拌均匀。

2 加入过筛的低筋面粉。

3 用手动打蛋器搅拌均匀，拌成面糊。

4 在垫有油布的烤盘上，将面糊摊成薄的圆饼。

5 将剩余的面糊均匀地分散给每个圆饼，用小勺分摊均匀。

6 再把烤熟的葵瓜子仁均匀地撒在圆饼表面。烤盘放入 175℃预热好的烤箱上层，底下再插入一个烤盘，以 175℃烤 10 ~ 12 分钟，烤至表面呈微金黄色即可。

制作心得

◎ 薄片饼干要尽量摊薄，而且每片厚薄要均匀一致，才能保证受热均匀，同时出炉。

◎ 刚烤好的饼干有些软，如果有些弯曲变形，可以用平盘在上面压一会儿，放凉后就会变硬、变脆了。

卡通饼干

难度★★
数量 14 片

材料 黄油 55 克，糖粉 50 克，全蛋液 25 克，中筋面粉 125 克，高筋面粉少许

特殊工具 动物小饼干模具

步骤

将黄油提前从冰箱里取出，室温软化，加入糖粉，用橡皮刮刀拌匀。

用电动打蛋器将黄油打至松发。

将全蛋液分次少量地加入打发好的黄油中。

每次均用电动打蛋器快速搅拌均匀。

加入中筋面粉。

用橡皮刮刀将中筋面粉和步骤 4 的混合物搅拌均匀。

再用手和成面团。

案板上撒少许高筋面粉，用擀面杖将面团擀成 5 毫米厚的面皮。

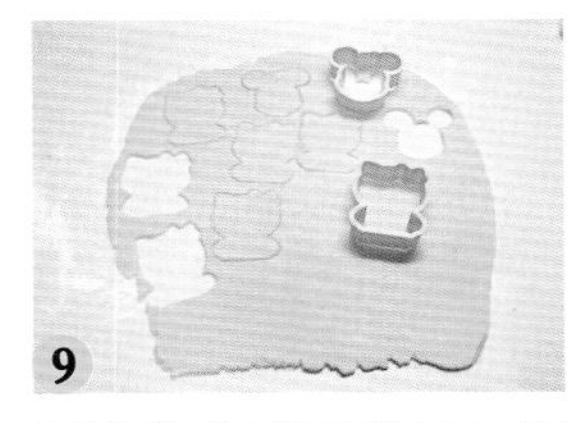

用动物小饼干模具在面皮上按压下卡通动物的形状。

将卡通动物面皮移至垫有油纸的烤盘里，再用模具的印章部分印出卡通动物的面部。

烤箱于 175℃预热，放入烤盘，以上下火 175℃、中层烤 10 ~ 12分钟即可。

◎ 烤好的饼干刚开始不脆，放凉后一般就变脆了，如果放凉后还是不脆，就将饼干放入烤箱中层、150℃再烤 5 分钟。

皇家曲奇

难度★★

数量 23 块

材料 黄油 80 克，盐 1 克，香草精 1/4 小匙，糖粉 50 克，曲奇饼干粉（或低筋面粉）115 克，奶粉 5 克，动物鲜奶油（或全蛋液）42 克

特殊工具 8 齿裱花嘴（中）

8 齿裱花嘴（中）

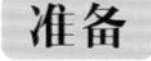

准备 1. 将奶粉、曲奇饼干粉用面粉筛筛入干净的盆中。（图 a）
2. 动物鲜奶油（或全蛋液）提前从冰箱里取出回温。
3. 将黄油提前从冰箱中取出，切小块，在室温下软化至完全变软。

a

步骤

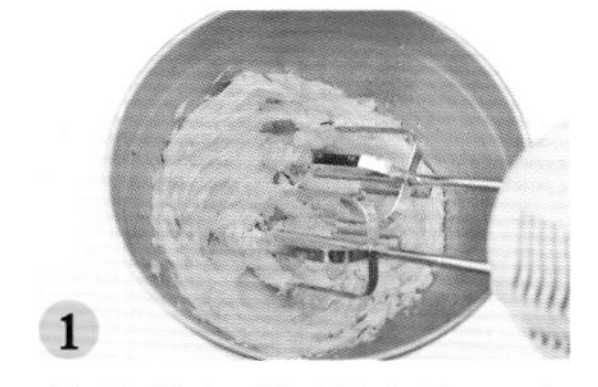

1 将软化好的黄油块用电动打蛋器低速打散。

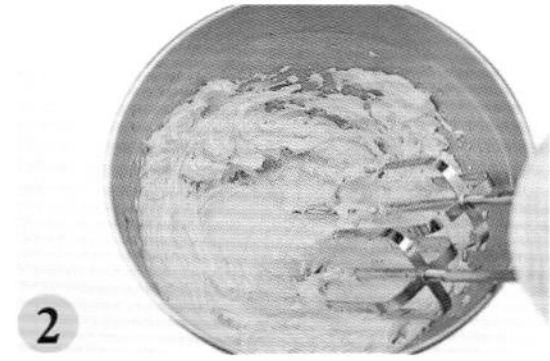

2 加入糖粉、盐、香草精，用电动打蛋器先低速再中速搅匀。

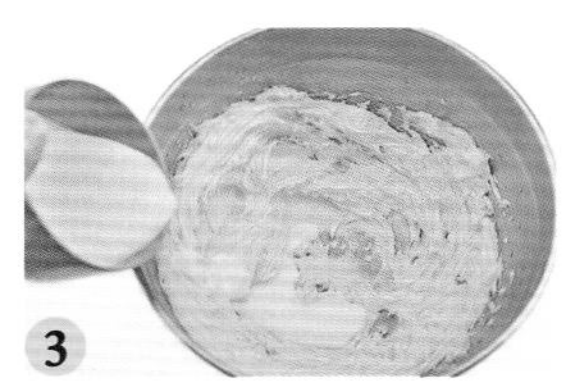

3 分 2 次加入动物鲜奶油，每一次都要用电动打蛋器中速搅打均匀，再加入第二次。

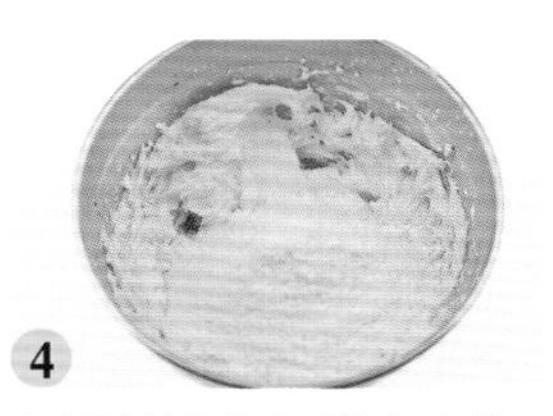

4 打至黄油体积膨大 1 倍、色泽变浅黄时，加入过筛的粉类。

5 用橡皮刮刀将油、粉拌匀至看不到面粉。

6 裱花袋装上 8 齿裱花嘴。

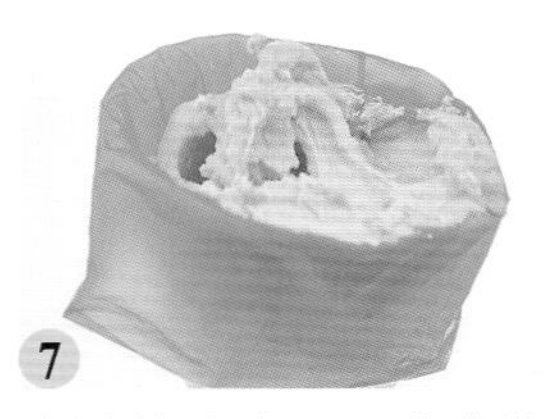

7 将裱花袋套入一个高的杯子里，装入曲奇面糊。

8 用刮板将曲奇面糊推向花嘴方向。

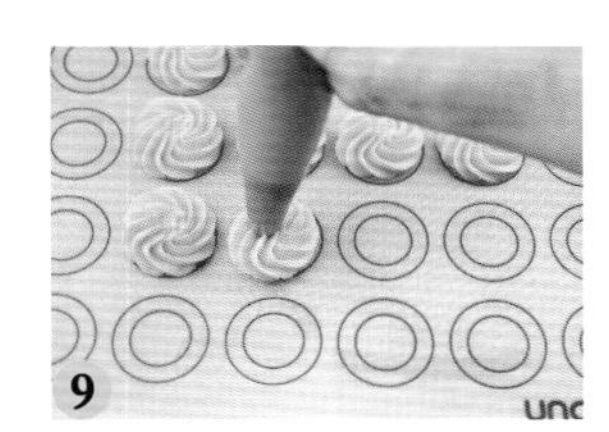

9 烤盘上垫上硅胶垫，左手握裱花袋，右手用力挤，顺时针方向挤出圆形的曲奇生坯。

10 挤好的曲奇生坯互相之间要保持一定的间距，因为烘烤过程中曲奇会膨胀。

11 烤盘放入预热的烤箱中层，以 170℃上下火烤 23 分钟。

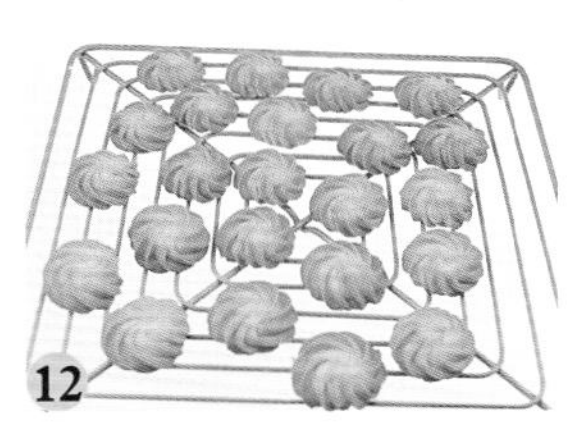

12 烤好的曲奇移至烤架上放凉，就会变酥脆了。

葱香曲奇

难度★★
数量 30 块

材料 黄油 65 克，糖粉 42 克，色拉油 45 克，清水 45 克，盐 3.5 克，香葱叶 40 克，曲奇饼干粉（或低筋面粉）175 克

特殊工具 21 号裱花嘴

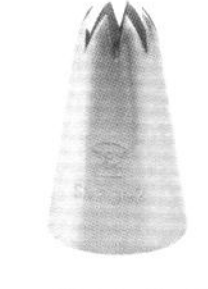

21号裱花嘴

准备 1. 将黄油提前从冰箱中取出，切小块，在室温下软化至用手指可轻松压出手印。
2. 香葱叶切成细碎，称出 40 克备用。（图 a）

a

步骤

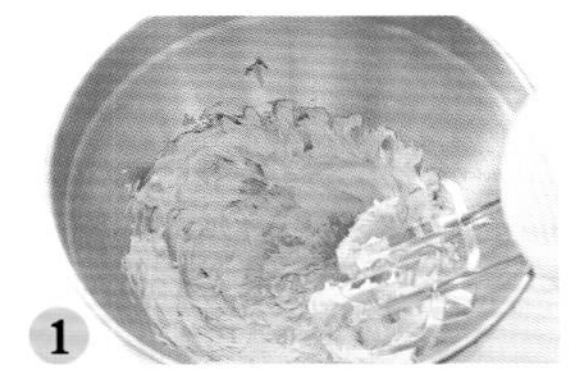

1 软化好的黄油块放入盆中，用电动打蛋器低速打散。

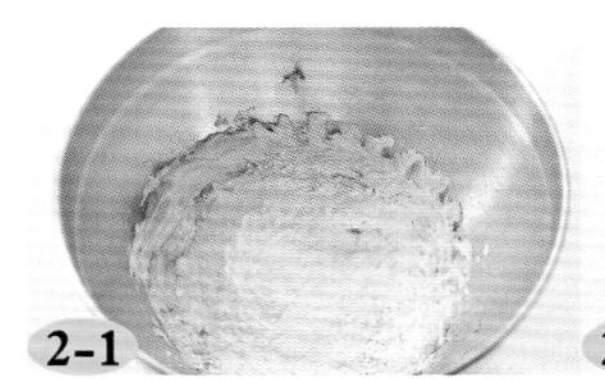

2-1 2-2 加入糖粉、盐，用电动打蛋器搅打，先低速打散，再转中速搅打至黄油变白、体积膨大。

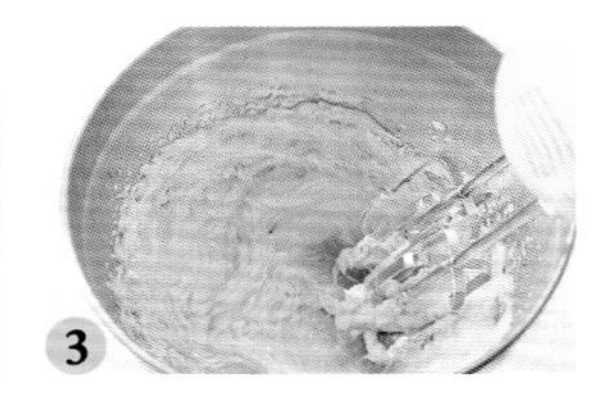

3 加入色拉油，用电动打蛋器中速搅打均匀。

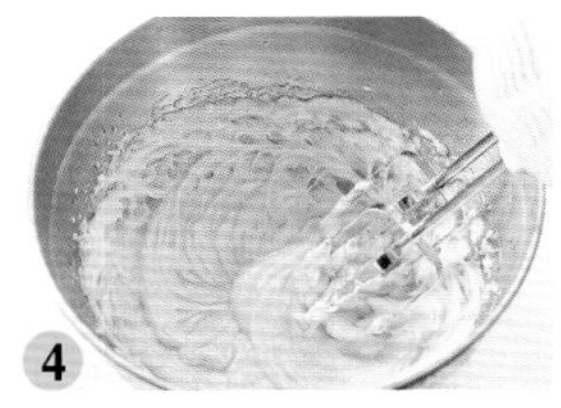

4 加入清水，用电动打蛋器中速搅匀至呈乳膏状。

5 加入葱叶碎。

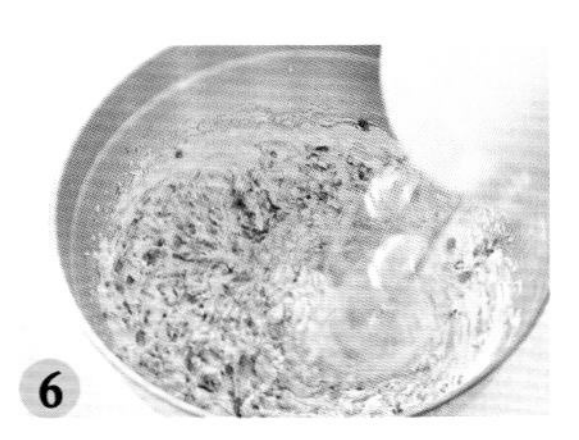

6 用电动打蛋器中速搅打均匀。

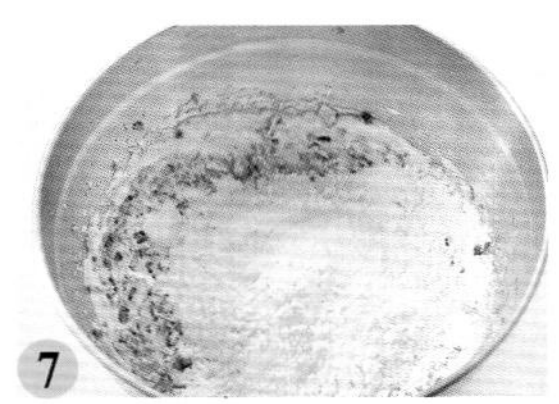

7 筛入曲奇饼干粉。

8 用橡皮刮刀充分拌匀至看不到面粉。

9 裱花袋装上 21 号花嘴，装入拌好的曲奇面糊。

10 在垫有硅胶垫的烤盘上挤出圆形曲奇生坯。

11 烤盘放入预热好的烤箱中层，以 180℃上下火烤 25 分钟，烤至曲奇表面上色后关闭电源，用余热再闷 5 分钟即可。

燕麦葡萄干酥饼

难度★★
数量 16 块

材料 饼干材料：
黄油 75 克，糖粉 38 克，动物鲜奶油（或全蛋液）15 克，低筋面粉 75 克，全脂奶粉 15 克，小苏打 1/16 小匙，大葡萄干 50 克，即食燕麦片 25 克，朗姆酒 15 克
表面装饰材料：
即食燕麦片 15 克，蛋黄液 10 克

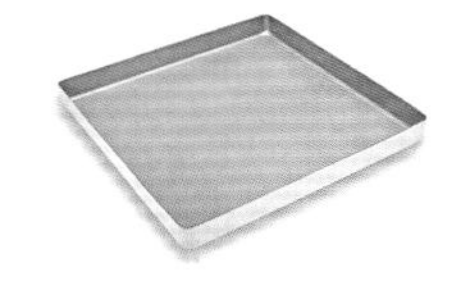
方形烤盘（金色不粘）

特殊工具 方形烤盘（金色不粘）

准备
1. 将黄油提前从冰箱中取出，切小块，在室温下软化至用手指可轻松压出手印。
2. 将低筋面粉、全脂奶粉和小苏打混合，用面粉筛筛入大盆内备用。（图 a）
3. 大葡萄干用朗姆酒提前浸泡 1 小时，浸软后沥干，用小刀切成小粒。（图 b、图 c）

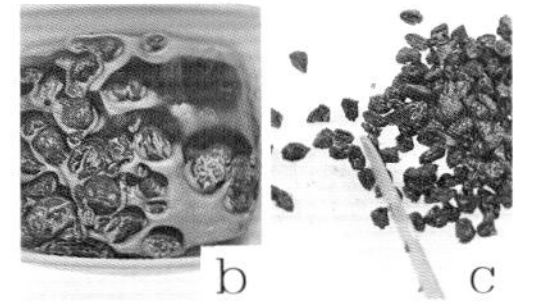

步骤

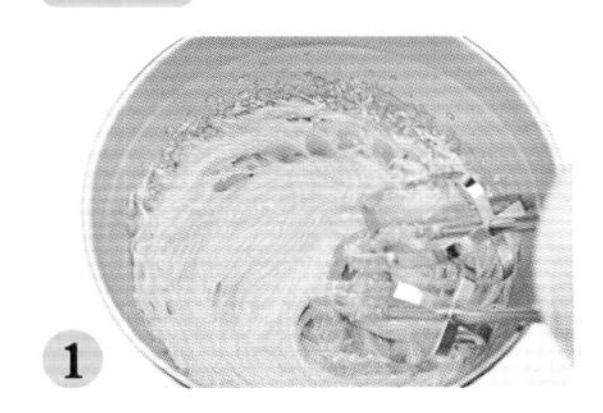

软化好的黄油块放入打蛋盆中，加糖粉，用电动打蛋器先低速再中速搅打均匀。

加入动物鲜奶油，用电动打蛋器低速搅打均匀。打匀后的混合物应膨松、色泽泛白。

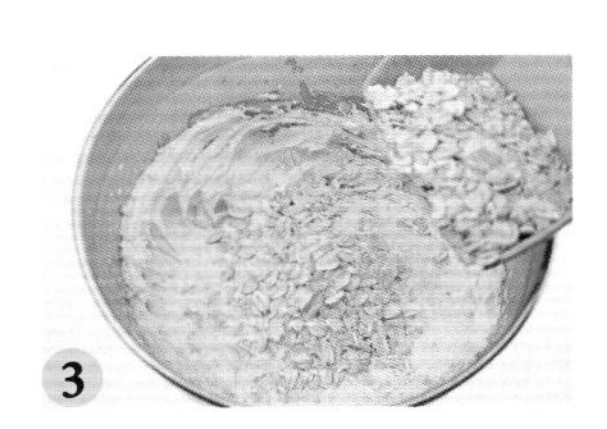

加入过筛的粉类和 25 克即食燕麦片，用橡皮刮刀翻拌均匀。

加入葡萄粒，用刮刀拌匀，拌成面团。

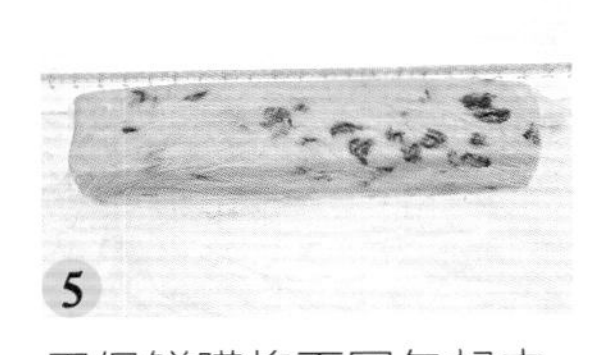

用保鲜膜将面团包起来，借助尺子将面团整成切面为边长 4 厘米的正方形的长条。

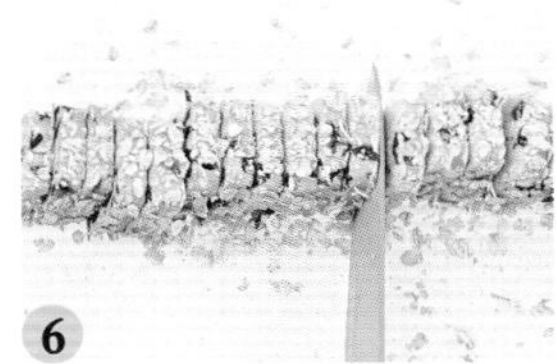

将面团移入冰箱里冷冻 1 小时，取出后用羊毛刷在面团表面刷上蛋黄液，再粘上 15 克即食燕麦片，切成 4 毫米厚的片状饼干生坯。

将饼干生坯摆放在烤盘上，因烘烤过程中饼干会膨胀，互相之间要保持一定的间距。

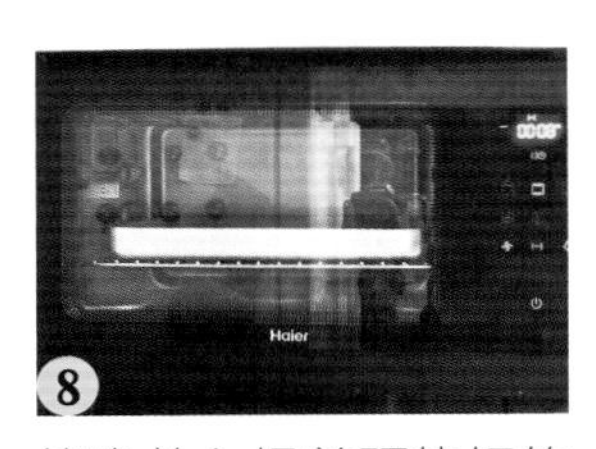

烤盘放入提前预热好的烤箱中层，以 170℃上下火烤 20 分钟。刚烤好的饼干很软、很松散，要冷却后再拿。

蔓越莓奶酥

难度★★
数量 11 块

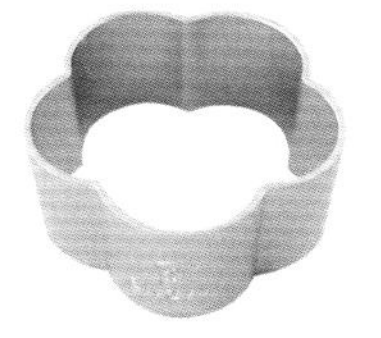

梅花形慕斯圈

材料 黄油 100 克，糖粉 60 克，动物鲜奶油（或全蛋液）25 克，低筋面粉 155 克，全脂奶粉 15 克，蔓越莓干 50 克

特殊工具 梅花形慕斯圈

准备

1. 将低筋面粉和全脂奶粉混合过筛，备用。（图 a）
2. 蔓越莓干切成小块。
3. 将黄油提前从冰箱中取出，切成小块，在室温下软化至用手指可轻松压出手印。

a

步骤

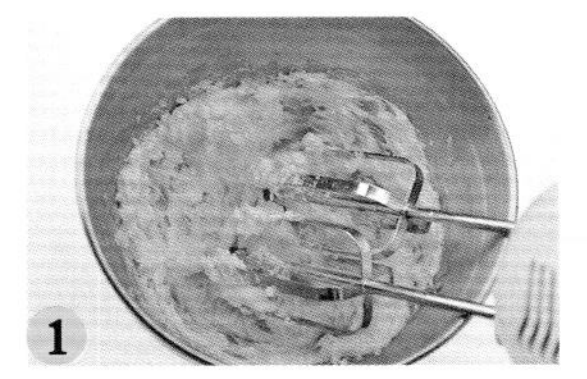

1 软化好的黄油块放入盆内，用电动打蛋器低速搅散。

2 加入糖粉，用电动打蛋器先低速后中速搅匀。

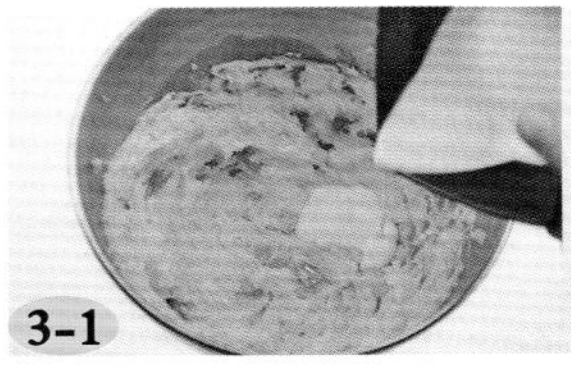

3-1 3-2 加入动物鲜奶油，用电动打蛋器中速搅匀至奶油体积膨松、颜色略变浅。

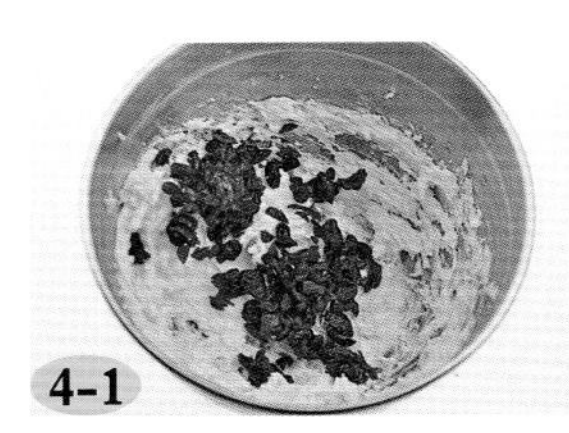

4-1 4-2 加入蔓越莓干块，用电动打蛋器中速搅匀。

5-1 5-2 加入过筛的粉类，用硅胶板充分拌匀，团成面团。

6 取小菜板，铺一张保鲜膜，上面放面团，面团表面再盖一张保鲜膜，用擀面棍擀成面片。

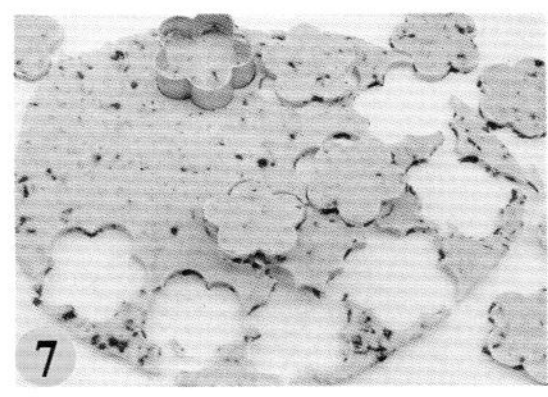

7 将面片连同小菜板一起放入冰箱冷冻 30 分钟，取出，用梅花形慕斯圈刻出饼干生坯。多余的面片可以重新整形，也刻出饼干生坯。

8 将饼干生坯摆放在烤盘中，因为烘烤时饼干会膨胀，所以互相之间要保持一定的距离。

9 烤盘放入预热好的烤箱中层，以 165℃上下火烘烤约 20 分钟，烤至饼干表面微微上色即可。刚烤好的饼干是软的，要放凉后再从烤盘里取出。

浓香花生酥饼

难度★
数量 22 块

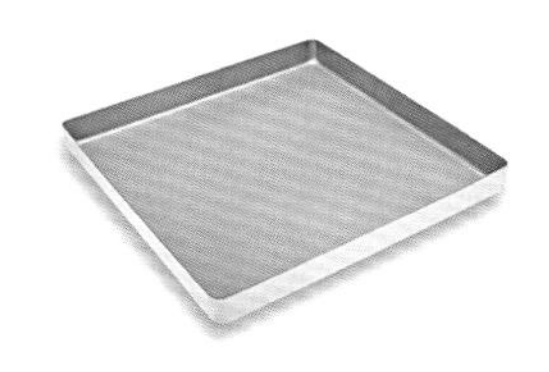

方形烤盘（金色不粘）

材料 A：花生酱 100 克，黄油 50 克，糖粉 60 克，鸡蛋 25 克
B：低筋面粉 80 克，小苏打 1/4 小匙（1 克），花生仁 35 克

特殊工具 方形烤盘（金色不粘）

准备
1. 将黄油提前从冰箱里取出，切小块，室温下软化。
2. 鸡蛋置于室温下回温，打散。
3. 将低筋面粉和小苏打放入盆内，用手动打蛋器搅匀，用面粉筛筛入大盆内备用。（图 a）
4. 花生仁放入烤箱，以 150℃烤 10 分钟，放凉后搓去皮，切成碎。

a

步骤

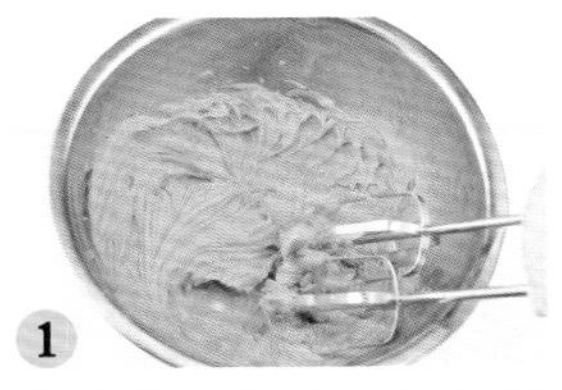

1 花生酱和黄油块放入打蛋盆中，用电动打蛋器先低速再中速搅匀。

2 加入糖粉，不开启电动打蛋器，手动搅拌几下让混合物大致混合。

3 开启电动打蛋器中速搅打至混合均匀，体积膨胀，呈羽毛状。

4 分 3 次加入蛋液，每加一次都要用电动打蛋器搅匀，再加入下一次。

5 打发完成，黄油体积膨松，呈乳膏状。

6 加入过筛的粉类，用橡皮刮刀进行压、翻，将面糊拌匀，拌至无干面粉。

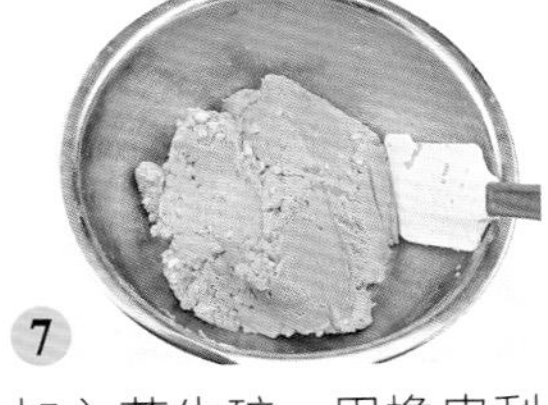

7 加入花生碎，用橡皮刮刀拌匀，面团就做好了。

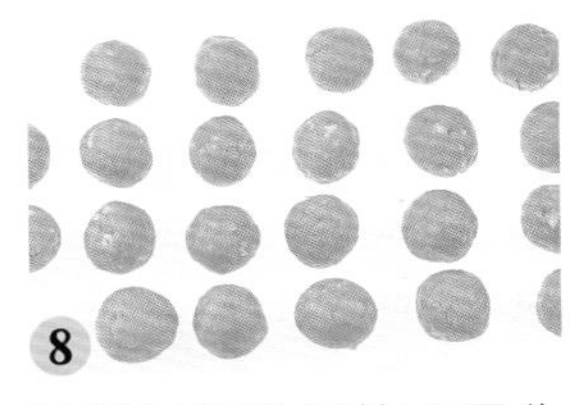

8 用刮板将做好的面团分成 22 份，用手搓圆。

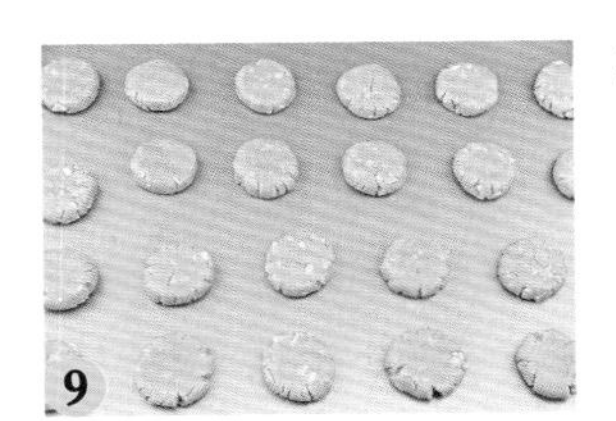

9 把圆球按扁。

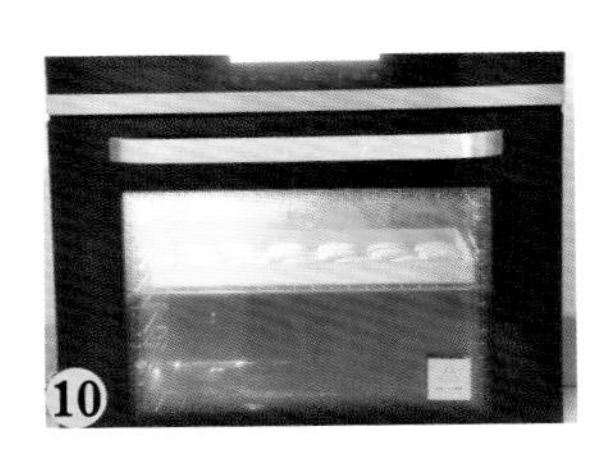

10 烤盘放入预热好的烤箱中层，以 160℃上下火烘烤 20 分钟，取出饼干，放烤网上放凉即可。

黑白芝麻薄脆

难度★

数量 4 盘约 45 片

材料 蛋白 120 克，低筋面粉 100 克，玉米淀粉 8 克，黄油 30 克，糖粉 110 克，白芝麻 40 克，黑芝麻 20 克，盐 1 克

准备 将低筋面粉、玉米淀粉混合，用面粉筛筛入干净的盆中，备用。

步骤

1 将黄油切小块，放入不锈钢盆内，隔热水化成液态。

2 蛋白放入打蛋盆中，加入糖粉、盐，用手动打蛋器搅打均匀。

3 轻轻搅拌至糖粉化开即可，无须打发。

4 加入化成液态的黄油，用手动打蛋器搅拌均匀。

5 加入过筛的低筋面粉和玉米淀粉。

6 用手动打蛋器搅匀。

7 加入黑芝麻和白芝麻。

8 用手动打蛋器轻轻搅拌成浓稠的面糊。

9 在烤盘中平铺上油纸，用汤匙挖少许调好的面糊，铺在油纸上，相互间要留较大的位置以便摊平面糊。

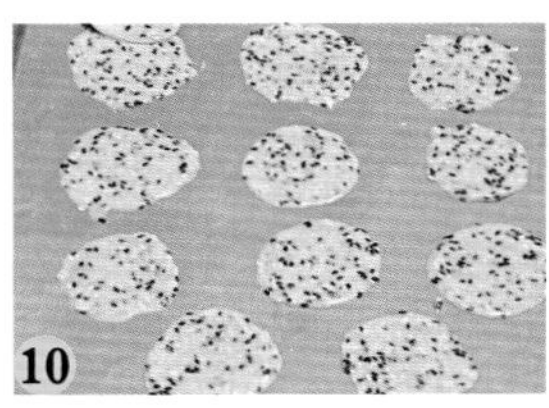

10 用汤匙将面糊摊开成薄薄的圆饼，尽量让圆饼的厚薄及大小保持均匀一致。

11 烤盘放入提前预热好的烤箱上层，以 160℃上下火烤 12 ~ 15 分钟，见表面上色即可取出。

太妃杏仁酥饼

难度★★★

数量 1 盘约 32 块

材料 饼皮材料：

低筋面粉 125 克，泡打粉 1/4 小匙（1 克），糖粉 50 克，黄油 62 克，鸡蛋 25 克，盐 1 克

果仁馅材料：

动物鲜奶油 50 克，黄油 50 克，蜂蜜 25 克，细砂糖 50 克，扁桃仁片（美国大杏仁）75 克

特殊工具 20 厘米方形不粘烤盘

准备 1. 从冰箱里取出鸡蛋、黄油，在室温下回温。鸡蛋打散。黄油稍微软化后切成黄豆大小的粒，再放回冰箱里冷冻。

2. 将低筋面粉、泡打粉混合过筛，备用。（图 a）

a

步骤

1 鸡蛋磕入不锈钢小盆中，加盐，用筷子搅匀。

2 黄油粒放入过筛的粉类中。

3 用手将油、粉搓揉成颗粒状，直至看不到明显的黄油。

4 加入蛋液。

5 采用压拌的方式，用刮板将面粉和蛋液混合均匀。

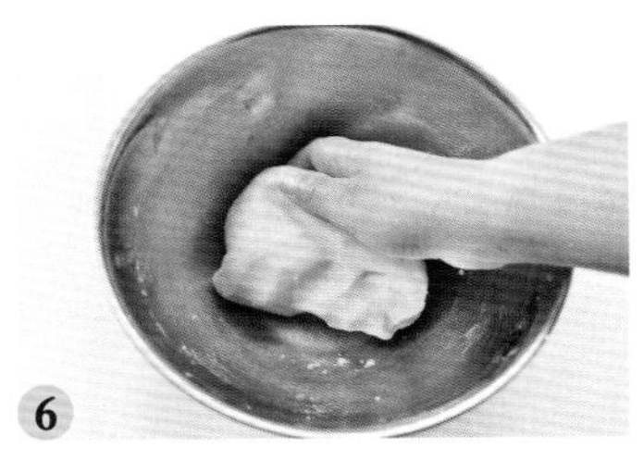

6 用手揉匀成面团。

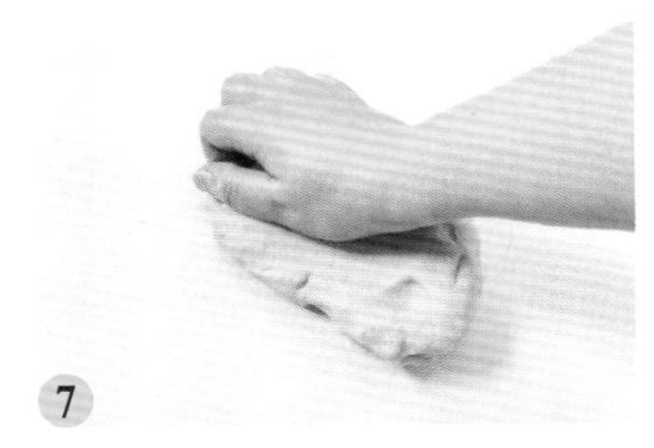

7 将面团移到案板上，用手掌推压、揉匀。

8 将面团包上保鲜膜，移入冰箱冷藏 30 分钟。

9 在方形烤盘上垫好油纸。

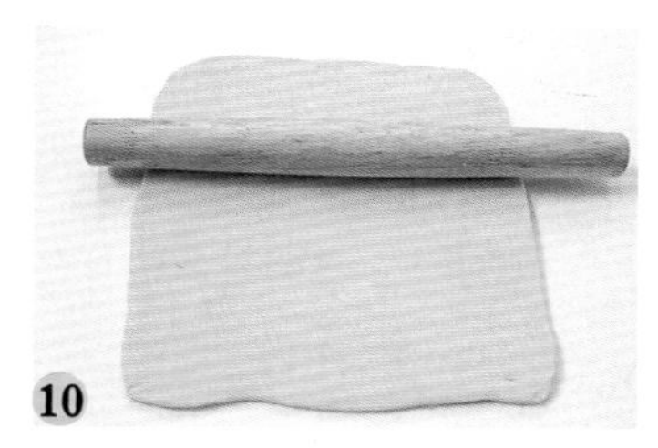

案板上撒少许低筋面粉（用量外），抹开，放上面团，擀成20厘米见方的正方形面皮。

放入方形烤盘中，用餐叉在上面刺上小孔，防止饼皮在烘烤时鼓起。

烤箱提前预热至180℃，烤盘放入烤箱中层，以180℃上下火烤25分钟。

烤好的饼皮表面要微微上色，这样才能保证做出来的成品是酥脆的。

将动物鲜奶油、黄油、蜂蜜、细砂糖全部倒入小锅里。

开小火加热，边加热边用硅胶铲搅拌均匀。

当液体开始沸腾时用电子温度计测温，煮到110℃时马上熄火。

倒入扁桃仁片，用硅胶铲翻拌均匀，果仁馅就做好了。

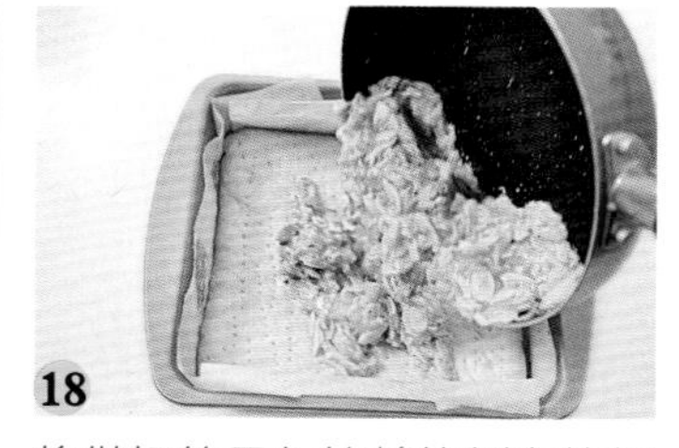

将做好的果仁馅趁热倒在烤好的饼皮上。

用刮板将果仁馅铺平整。

烤箱提前预热至180℃，烤盘放入烤箱中层，以180℃上下火烤25分钟，烤至果仁馅表面变成漂亮的焦糖色即可。

Part 3

蛋糕篇

抹茶蜜豆马芬

难度★
数量 6 个

材料 A: 低筋面粉 91 克，抹茶粉 9 克，泡打粉（1/2+1/4）小匙
B: 黄油 50 克，细砂糖 50 克，鸡蛋 1 颗（50 克），牛奶 60 克，蜜红豆 50 克

特殊工具 纸杯蛋糕模（直径 6 厘米 × 高 3.5 厘米）6 个

◎ 抹茶粉和绿茶粉是不一样的：抹茶粉做出来的成品色泽呈浅绿色，味道更清香，价格也较绿茶粉贵；绿茶粉做出来的成品色泽泛灰泛黄，有微苦味。
◎ 也可以将面糊装入裱花袋里，再挤入模具中。

步骤

1 材料 A 混合过筛，备用。黄油切小块，于室温软化后，用电动打蛋器低速打散。

2 加入细砂糖，先不开电动打蛋器，手动拌匀，再用电动打蛋器低速转中速打至膨发。

3 鸡蛋磕入碗中，搅拌均匀。将蛋液分次少量地加入打发好的混合物中，每次需迅速搅打至完全融合，方可加入下一次，搅拌好后呈乳膏状。

4 先加入 1/2 过筛的粉类和 1/2 的牛奶，用橡皮刮刀略拌匀。

5 再加入剩下的粉类和牛奶拌匀，拌好后面糊仍显粗糙。

6 向面糊中加入大部分蜜红豆，用橡皮刮刀拌匀。

7 用汤匙将拌好的面糊挖入纸模内至七分满，在表面撒剩余的蜜红豆用作装饰。

8 烤箱于 180℃预热，放入烤盘，以上下火 180℃、中层烤 20 分钟即可。

香蕉巧克力马芬

难度★

数量 6 个

材料 A: 低筋面粉 80 克，泡打粉 1/2 小匙
B: 黄油 50 克，细砂糖 40 克，全蛋液 45 克，香蕉（去皮）60 克，牛奶 30 克
C: 巧克力豆 30 克（表面装饰用 5 克）

特殊工具 纸杯蛋糕模（直径 6 厘米 × 高 3.5 厘米）6 个

制作心得

◎ 新买回来的香蕉最好在室温下存放两天，让香蕉表皮起些许黑点，这时的香蕉更香甜。但注意不要放到太过软烂了，变质的香蕉吃后有损健康。

◎ 去皮的香蕉遇空气容易氧化变黑，不用过早压成泥，等到黄油打发好后再压制即可。也可以在香蕉泥中加入少许柠檬汁，能让其不易变黑。

步骤

材料 A 混合过筛，备用。黄油切成小块，室温软化，用电动打蛋器低速打散。

加入细砂糖，先不开电动打蛋器，手动将糖、油拌匀，再用低速转中速打至膨发。

全蛋液分次少量地加入黄油中，每次需迅速搅打至完全融合，再加入下一次，搅拌好后呈乳膏状。

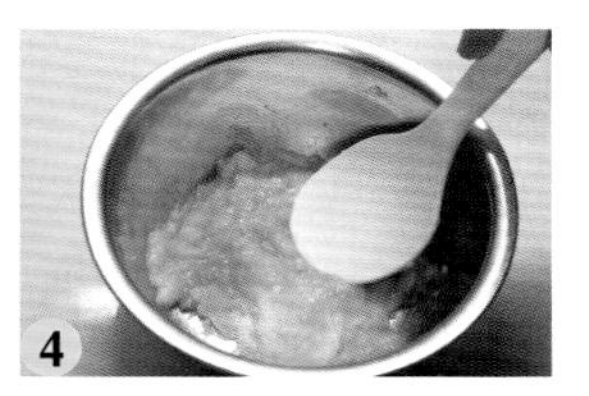

将去皮香蕉用饭铲压成香蕉泥，备用。

向步骤 3 的混合物中加入 1/2 的材料 A 及全部的香蕉泥，用橡皮刮刀略拌匀。

再加入剩下的材料 A 及全部的牛奶，拌匀。

加入巧克力豆，用橡皮刮刀拌匀。

拌好的面糊呈粗糙的颗粒状。

用汤匙将面糊挖入纸模内至七分满，并在表面撒巧克力豆作为装饰。

烤箱于 180 ℃ 预热，放入烤盘，以上下火 180℃、中层烤 20 ~ 23 分钟即可。

蜂蜜酸奶马芬

难度★
数量 6 个

材料 A: 低筋面粉 100 克，泡打粉 1 小匙
B: 黄油 50 克，细砂糖 30 克，蜂蜜 20 克，酸奶 60 克，鸡蛋 1 颗
C: 蔓越莓干（少许用作表面装饰）30 克，白兰地 1 大匙

特殊工具 硅胶蛋糕模（直径 7 厘米 × 高 3.5 厘米）6 个，配套油纸托 6 个

◎ 蔓越莓干也可以用葡萄干、杏干等甜味果干代替，在加入面糊前记得挤干用于浸泡的酒，不然蛋糕里会有很浓的酒味。
◎ 这里用的酸奶是较浓稠的发酵酸奶。不要用像水一样稀薄的还原酸奶，奶香味没有那么浓郁。
◎ 面糊如果不小心流到纸模上，要擦干净再烘烤，以免烤出焦糊的边缘。

步骤

蔓越莓干切成小块，用白兰地浸泡 30 分钟（或盖上保鲜膜用微波炉低火加热 30 秒）。

黄油切成小块后，于室温软化，低速打散。加入细砂糖及蜂蜜，先不开电动打蛋器手动拌匀，再中速打至膨发。

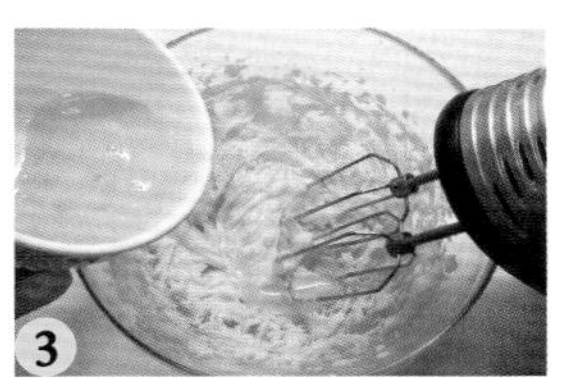

鸡蛋磕入碗中，搅拌均匀。将鸡蛋液分次少量地加入步骤 2 的混合物中，每次需迅速搅打至蛋、油完全融合，方可加入下一次。

搅拌好后呈乳膏状。

将材料 A 混合过筛。向步骤 4 的混合物中加入 1/2 过筛的粉类和 1/2 的酸奶。

用橡皮刮刀略拌匀，再加入剩下的粉类和酸奶，继续翻拌均匀。

取出泡软的蔓越莓块，用手挤干酒，加入面糊中，用橡皮刮刀拌匀。

将面糊装入裱花袋内，轻轻挤入纸模内至七分满即可。

再在面糊表面撒蔓越莓干作为装饰。

烤箱于 175℃预热，放入烤盘，以上下火 175℃、中层烤 25 ~ 28 分钟即可。

魔鬼蛋糕

难度★★
数量 9 个

材料 蛋糕材料：
A：60℃热水 70 克，70% 黑巧克力 40 克
B：蛋糕粉（或低筋面粉）90 克，泡打粉 2 克，小苏打 1.5 克
C：黄油 75 克，红糖 60 克，细砂糖 40 克，盐 1 克，鸡蛋 1 颗（约 50 克），动物鲜奶油 75 克
巧克力奶油霜材料：
70% 黑巧克力 60 克，自制意式奶油霜 200 克（做法见 p.22）

特殊工具 12 连马芬盘，油纸托 9 个

准备 1. 将黄油提前从冰箱中取出，切成小块，在室温下软化至用手指可轻松压出印。
2. 提前从冰箱里取出鸡蛋，在室温下回温，磕入碗中搅匀。
3. 将材料 B 的所有粉类混合过筛，备用。

12 连马芬盘
（双面矽利康）

步骤

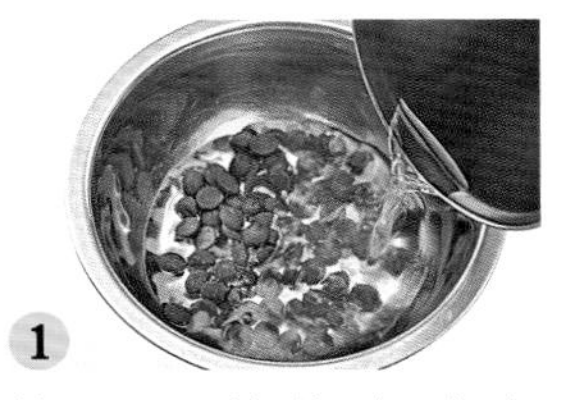

1 将 60 ℃ 的热水冲入 70% 黑巧克力中。

2 用橡皮刮刀顺时针搅拌至巧克力化成酱状。

3 参照本书 p.18 打发黄油的方法，依次加入细砂糖、红糖、蛋液、盐，搅至膨松如羽毛状。

4 加入材料 B 过筛的粉类和材料 C 中的动物鲜奶油，用橡皮刮刀翻拌均匀至看不到干面粉。

5 加入步骤 2 的巧克力酱，用电动打蛋器低速搅匀，蛋糕糊就做好了。

6 裱花袋放入高的杯子中，装入蛋糕糊，挤入垫在 12 连马芬盘中的油纸托内，至八分满。

7 12 连马芬盘放入预热好的烤箱中层，以 180℃ 上下火烤 25 分钟。

8 冷却后再将烤好的蛋糕取出来，取的时候动作要轻。

9 将 70% 黑巧克力放入不锈钢小盆内，隔着 50℃热水加热，边加热边搅拌成酱状。

10 将意式奶油霜放入不锈钢小盆内，加入巧克力酱，用电动打蛋器低速搅匀，巧克力奶油霜就做好了。

11-1 11-2 11-3 11-4 裱花袋装入裱花嘴，灌入巧克力奶油霜，在蛋糕上沿着蛋糕边沿挤一个大圈。注意不要挤断，再挤一个略小的圈。到顶部再挤一个更小的圈，最后收尾即可。

磅蛋糕

难度★
数量 1 个

材料 A: 低筋面粉 50 克，泡打粉 1/4 小匙
B: 黄油 50 克，细砂糖 50 克，全蛋液 50 克

特殊工具 长方形蛋糕模（宽 8 厘米 × 长 13.5 厘米 × 高 4 厘米）

制作心得
◎ 磅蛋糕也称奶油蛋糕、布丁蛋糕，因其基本配方是黄油：细砂糖：低筋面粉：全蛋液 =1 ：1 ：1 ：1，四种材料以相同比例制成。相较于海绵蛋糕、戚风蛋糕、马芬蛋糕而言，它的内部组织更加扎实、细腻，具有浓郁的奶油香味及润泽的口感。

步骤

1 将低筋面粉、泡打粉混合，用面粉筛过筛备用。在模具内铺垫好油纸。

2 黄油于室温下软化，用电动打蛋器低速打散。

3 加入细砂糖，先不开电动打蛋器，手动将糖、油拌匀，再以低速转中速打至膨发。

4 全蛋液分次少量地加入黄油中，每次需搅打至完全融合，方可加入下一次。

5 搅拌好后呈乳膏状。

6 加入步骤 1 过筛的粉类，用橡皮刮刀拌匀。

7 搅拌好的样子如图所示。将拌好的面糊装入模具内，至八分满即可。

8 烤箱于 170℃ 预热，放入模具，以上下火 170℃、中层烤 22 ~ 25 分钟，用竹签插入蛋糕，无黏感即可。

玛德琳蛋糕

难度★
数量 9 个

材料 A: 低筋面粉 50 克，泡打粉（1/4+1/8）小匙
B: 鸡蛋 55 克，细砂糖 35 克，柠檬 1 个，黄油 50 克

特殊工具 贝壳蛋糕硅胶 9 连模

◎ 玛德琳蛋糕也称贝壳蛋糕，若用铸铁模具烘烤，蛋糕会更漂亮、上色更均匀。因铸铁模具受热较快，所以要适当缩短烘烤时间。
◎ 烤好的蛋糕顶部会鼓起是这款蛋糕的特色。因蛋糕很柔软，表面很容易被损坏，所以在其冷却前都要将鼓起的正面朝上放置。
◎ 削柠檬皮时注意不要削到白色内瓤，黄色表皮可以给蛋糕增加香味，而白色内瓤有苦味，会使蛋糕口感变差。

步骤

用小刀削下柠檬的黄色表皮，切成末，备用。

鸡蛋打散，加入细砂糖，用手动打蛋器搅打至细砂糖化开。

加入柠檬表皮末，用手动打蛋器搅匀。

将低筋面粉、泡打粉过筛，用手动打蛋器左右横抽拌匀。

黄油切小块，隔水加热成液态，加入面糊中，用手动打蛋器拌匀。

拌好的面糊如图所示。盖上保鲜膜，移入冰箱冷藏静置 1 小时。

模具上刷薄薄的一层黄油（用量外）防粘。将面糊装入裱花袋中，挤入模具内至八分满。

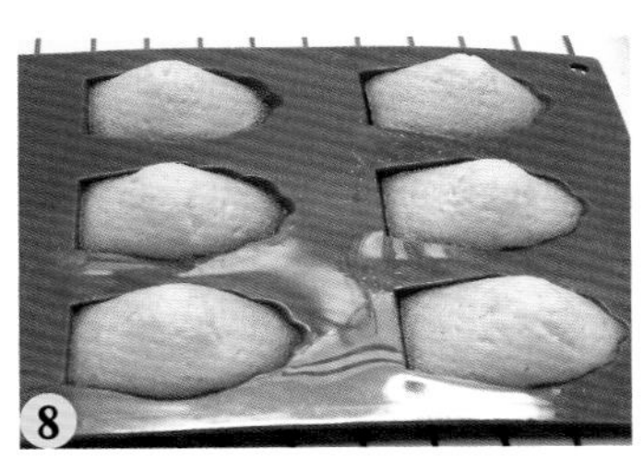
烤箱于 200℃预热，放入模具，以上下火 180℃、中层烤 12 ~ 15 分钟即成。

巧克力布朗尼

难度★★

8 寸蛋糕 1 个

材料 蛋糕材料：

A: 低筋面粉 70 克，可可粉 15 克，泡打粉 1/2 小匙

B: 黑巧克力 120 克，黄油 70 克，白兰地 1 小匙，牛奶 20 毫升

C: 鸡蛋 2 颗，细砂糖 90 克，核桃仁碎 60 克

表面装饰材料：

细砂糖、薄荷叶各少许

特殊工具 8 寸方形模

准备 提前从冰箱里取出鸡蛋，在室温下回温，磕入碗中搅匀。

制作心得

◎ 隔水化开巧克力时，水温不要超过60℃，否则会造成油水分离。冬季因为气温太低，易导致化好的巧克力酱再度凝固，这时需要把盛巧克力酱的容器放入 40℃温水中隔水保温。

◎ 刚烤好的蛋糕不要马上移出烤盘，不然很容易断裂。待蛋糕放凉后方可移出，将其倒扣，小心地撕去铺垫的油纸。

◎ 切件时不要用齿形刀，而要用普通的刀，否则蛋糕成形后不好看。切好蛋糕后用表面装饰材料点缀即可。

步骤

1 核桃仁碎放烤箱中层，以 150 ℃ 烤 5 分钟，放凉。

2 将材料 A 的粉类混合后，用手执面粉筛过筛，备用。

3 将黑巧克力切成小块，放入不锈钢小盆内。黄油于温室软化，放入不锈钢小盆中。

4 隔 40 ~ 50℃温水加热，边加热边搅拌成酱。

5 将白兰地和牛奶加入化开的巧克力酱中。

6 鸡蛋液中加入细砂糖，用手动打蛋器打至细砂糖化开。

7 将打好的鸡蛋液加入巧克力酱中搅拌均匀。

8 加入步骤 2 过筛的粉类。

9 用手动打蛋器搅拌均匀。

10 最后加入烤香的核桃仁碎拌匀，即为蛋糕面糊。

11 将蛋糕面糊倒入垫上油纸的烤盘中，双手晃动，使面糊表面平整。

12 烤盘放入预热好的烤箱，以上下火 175℃、中层烤 25 分钟。烤好的蛋糕用竹签插入后无黏感。切件后用表面装饰材料点缀即可。

费南雪

难度★
数量 6 个

材料 黄油（软化）85 克，扁桃仁粉 47 克，低筋面粉 43 克，糖粉 80 克，蛋白 3 颗

特殊工具 玫瑰形 6 连蛋糕模

制作心得

◎ 扁桃仁粉是用扁桃仁（又称美国大杏仁）磨的粉，不是中国的南北杏。我是用扁桃仁片自己磨的，扁桃仁粉磨到一定程度会出油结块，如果加上糖粉一起磨就不会结块了。

◎ 煮过的黄油要放凉，但不要放凉至又凝固了，而是放凉至还保持液态。

◎ 蛋白不需要打发，只需要打至起小泡即可。

步骤

1 将软化好的黄油切成小块，放奶锅内用小火煮至沸腾，再继续煮 2 分钟，至黄油变得有些焦黄色，放凉至 21℃左右备用。

2 烤箱不需预热，以 150℃将扁桃仁粉烤约 5 分钟，至变得有些微黄色。

3 扁桃仁粉略放凉，和糖粉、低筋面粉混合后过筛。

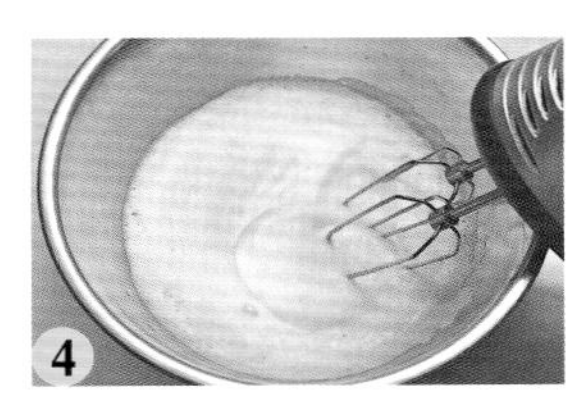

4 将蛋白用电动打蛋器打至起小泡。

5 将步骤 3 过筛的粉类放入蛋白中。

6 用手动打蛋器搅拌均匀。

7 加入放凉至 21℃、煮过的黄油。

8 用手动打蛋器搅拌均匀。

9 玫瑰形蛋糕模上先用硅胶刷薄薄地刷上一层软化黄油（分量外）防粘。

10 将做好的面糊倒入玫瑰形蛋糕模内至九分满。

11 烤箱于 160℃预热，放入蛋糕模，以上下火 160℃、中下层烤 35 分钟。

12 直至表面烤出微黄色，将烤好的蛋糕略放凉，倒扣即可脱模。

巧克力岩浆蛋糕

难度★★★
数量6个

材料 软心内馅材料：
黑巧克力60克，动物鲜奶油40克，黄油8克
蛋糕材料：
A: 黑巧克力50克，动物鲜奶油100克，黄油30克
B: 蛋黄2颗，可可粉20克，低筋面粉40克
C: 蛋白2颗，砂糖20克
表面装饰材料：
樱桃适量

◎ 软心内馅必须冷藏至半固体状才容易沉到蛋糕底部，最好是将蛋糕糊装入纸模后再从冰箱里取出软心内馅，否则软心内馅在室温下放太久会化开，无法沉入蛋糕糊内。
◎ 蛋糕底部可能会有巧克力酱渗出，所以脱模时要先倒扣在盘里，再小心地撕去纸模。
◎ 刚烤好的蛋糕不能立即脱模，此时蛋糕未变硬，会变形。要待蛋糕温热、四周脱离纸模时才可脱模。
◎ 完全放凉的蛋糕要想让软心内馅恢复流动状态，可用微波炉以低火加热1分钟。

特殊工具 纸杯蛋糕模 6 个（直径 6 厘米 × 高 5.5 厘米）

软心内馅制作步骤

1 将制作软心内馅的所有材料放入锅内，隔 40℃温水加热。

2 一边加热，一边搅拌均匀，搅拌好后呈酱状。

3 将搅拌好的巧克力酱移入冰箱，冷藏至呈半固体状。

蛋糕制作步骤

1 材料 A 放入锅内，隔 40℃温水加热，搅拌均匀呈酱状。

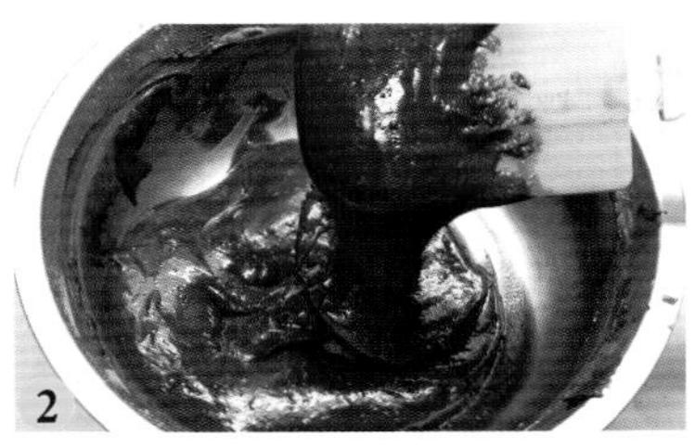
2 化开的巧克力酱中加入 2 颗蛋黄搅拌均匀。

3 可可粉加低筋面粉混合过筛，备用。

4 将过筛的粉类加入步骤 2 的巧克力酱中。

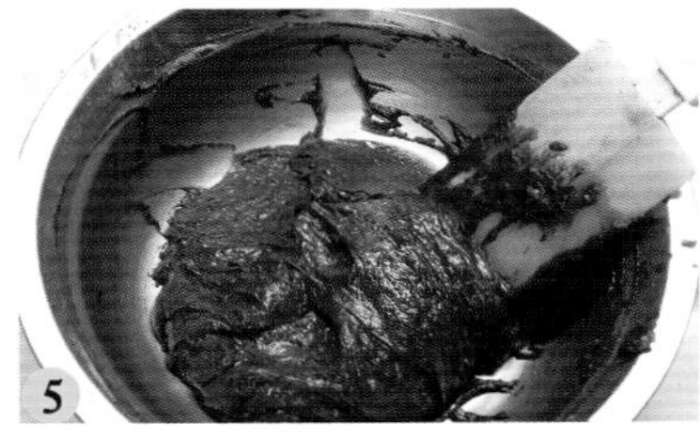
5 用橡皮刮刀轻轻翻拌均匀，即为巧克力面糊。

6 将材料 C 打至硬性发泡，全部加入巧克力面糊中。

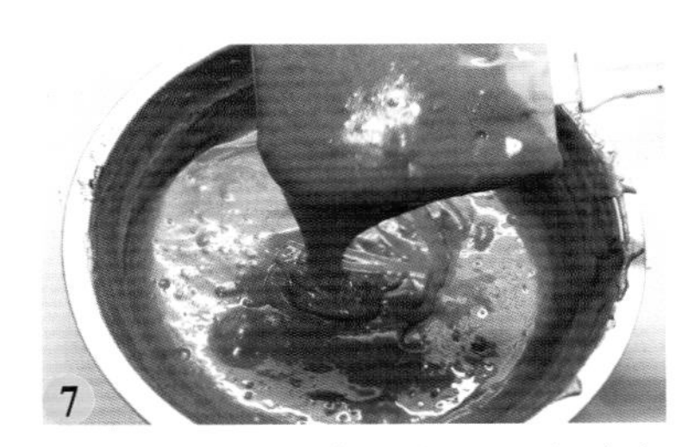
7 快速翻拌均匀（蛋白霜遇高油脂容易消泡，所以动作要迅速）。

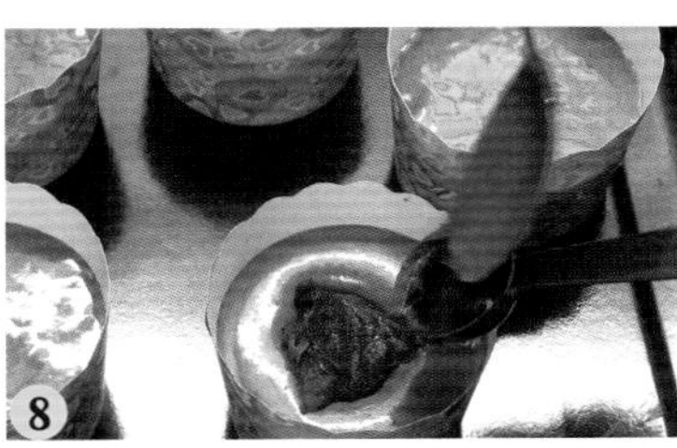
8 蛋糕糊倒入纸模内至七分满，用小勺挖出一块软心内馅，放入纸模内的面糊中。

9 烤盘放入预热好的烤箱，以上下火 170℃、中层烤 15 分钟。取出后放至温热，倒扣在盘里，撕开纸模，放上樱桃点缀即可。

酸奶戚风蛋糕

难度★★

18 厘米蛋糕 1 个

材料 蛋糕材料：

A: 蛋白 4 颗（160 克），细砂糖 60 克，柠檬汁少许

B: 蛋黄 4 颗（80 克），细砂糖 15 克，浓稠酸奶 70 克，色拉油 40 克，低筋面粉 80 克

表面装饰材料：

薄荷叶、蓝莓各适量

特殊工具 18 厘米圆形中空戚风模

◎ 酸奶戚风蛋糕除蛋白打发程度以及烘烤温度不同，其他制作过程同普通戚风蛋糕一样。

◎ 酸奶戚风很轻盈，在脱模的时候要小心，脱模刀一插下去就不要再拔出来了，否则很容易把蛋糕插破。

◎ 做这种蛋糕最常见的失败原因就是底部回凹，出现这种情况多数是因为烘烤时间过长，或者下火温度太高导致。

步骤

将酸奶和色拉油倒入不锈钢小盆内，用手动打蛋器搅至完全融合。

先加入 15 克细砂糖搅散，再分次加入蛋黄搅打均匀。

分 2 次筛入低筋面粉，每次都用手动打蛋器搅拌均匀至无颗粒状。

拌好的蛋黄面糊呈光滑、可流动的状态。水分比普通戚风蛋糕略多一些。

蛋白加柠檬汁，分次加入 60 克细砂糖打至九分发。

取 1/3 的蛋白霜加入蛋黄面糊内，翻拌均匀。

再倒回剩下的 2/3 蛋白霜内，翻拌均匀。

拌好的蛋糕糊如图所示。

将蛋糕糊倒入模具内，轻震几下，震去大气泡。

烤箱于 170℃预热，放入模具，以上下火 170℃、中下层烤 40 分钟。

烤好后将模具倒扣，插在酒瓶上。

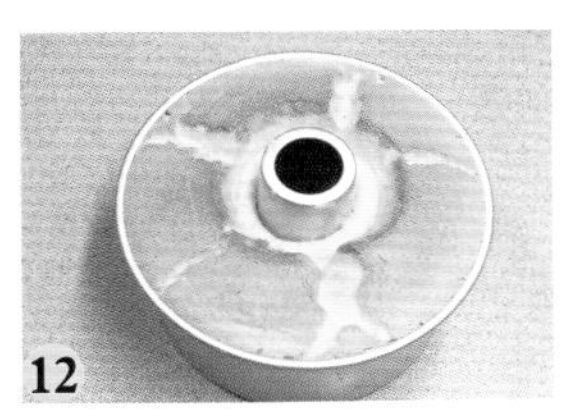

彻底放凉后用脱模刀帮助脱模，用表面装饰材料点缀即可。

黑芝麻戚风蛋糕

难度★★

18 厘米蛋糕 1 个

材料 蛋糕材料：

A：蛋黄 5 颗（74 克），戚风蛋糕粉（或低筋面粉）60 克，色拉油 50 克，黑芝麻 45 克

B：蛋白 5 颗（162 克），细砂糖 80 克，盐 1 克

表面装饰材料：

草莓（对半切开）1 颗

特殊工具 18 厘米圆形中空戚风模

准备

1. 将黑芝麻洗净，沥干水。
2. 戚风蛋糕粉用面粉筛筛入一个干净的盆里，备用。

步骤

1 黑芝麻放入搅拌机内，加入 80 克清水，搅拌成细腻的泥状。

2 蛋黄中依次加入色拉油、盐、黑芝麻泥、戚风蛋糕粉，用手动打蛋器充分搅匀，成糊状。

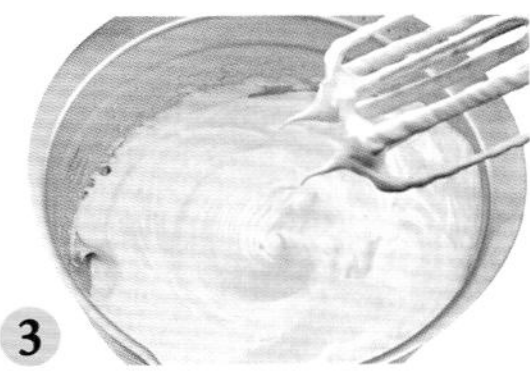

3 参考本书中 p.13 打发蛋白的方法，分 3 次加入细砂糖，将蛋白打至十分发，即成蛋白霜。

4 取 1/3 的蛋白霜加入黑芝麻面糊中，用橡皮刮刀翻拌均匀。

5 再加入 1/3 的蛋白霜，继续用橡皮刮刀翻拌均匀。

6 最后将拌好的面糊全部倒回剩下的蛋白霜中。

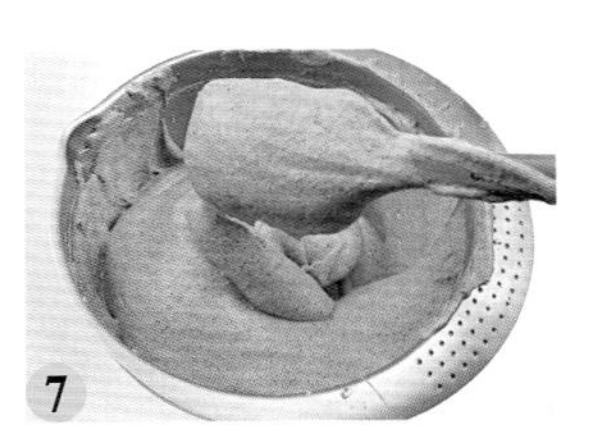

7 用橡皮刮刀由底部向上仔细地翻拌均匀，直到看不到一丝蛋白霜。

8 将拌好的面糊倒入中空戚风模中，至八分满。

9 将中空戚风模放入预热好的烤箱底层，以 170℃ 上下火烘烤 40 分钟。

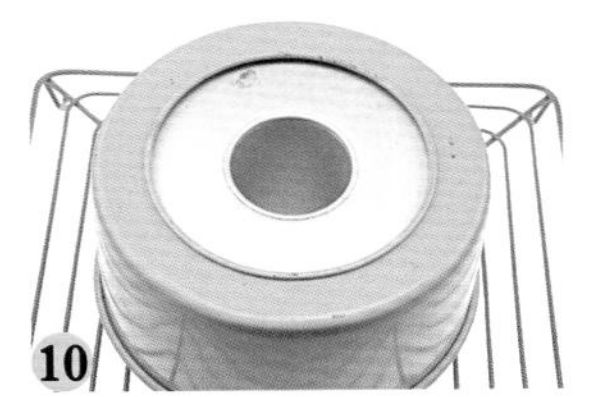

10 取出中空戚风模，马上倒扣在蛋糕架上，放至自然冷却。

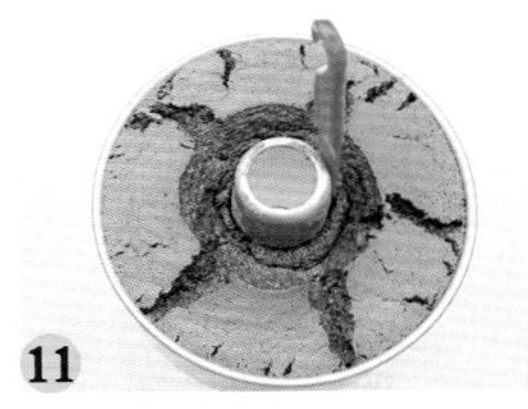

11 用脱模刀小心地插入模具与蛋糕之间，转动划开。

12 将模具反扣，用双手按压模具，脱模，用草莓点缀即可。

蜂蜜核桃戚风

难度★★

18 厘米蛋糕 1 个

材料 蛋糕材料：

A：蛋白 5 ~ 6 颗（200 克），细砂糖 60 克

B：蛋黄 5 ~ 6 颗（85 克），蜂蜜 30 克，色拉油 40 克，牛奶 35 克，戚风蛋糕粉（或低筋面粉）85 克，核桃仁 38 克

装饰材料：

薄荷叶、核桃仁各少许

特殊工具 18 厘米圆形中空戚风模

准备 用刀将核桃仁切碎。（图 a）

a

步骤

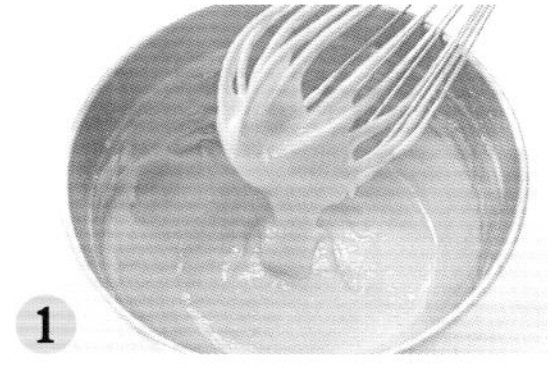

1 蛋黄放盆中，用手动打蛋器搅散，依次加入蜂蜜、牛奶、色拉油、戚风蛋糕粉，每次都用打蛋器沿一个方向搅匀。

2 参照本书 p.13 的蛋白打发过程，往蛋白中分 3 次加入细砂糖，打至干性发泡。

3 用手动打蛋器在蛋白中顺时针搅几下，拉起打蛋器时蛋白的尖角直立，蛋白霜就做好了。

4 取 1/3 的蛋白霜加入步骤 1 的面糊中，使用橡皮刮刀，用切拌和翻拌的手法拌匀。

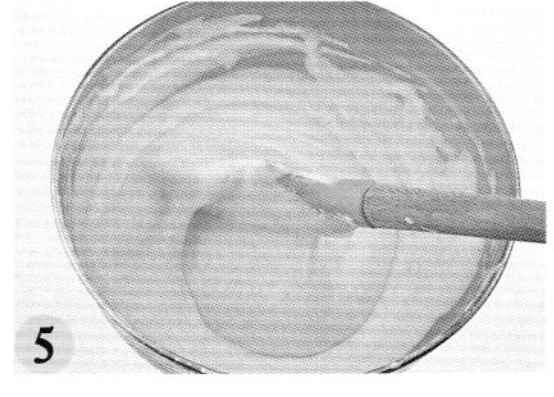

5 一直拌到看不到一丝蛋白霜，再加入 1/3 的蛋白霜继续拌匀。

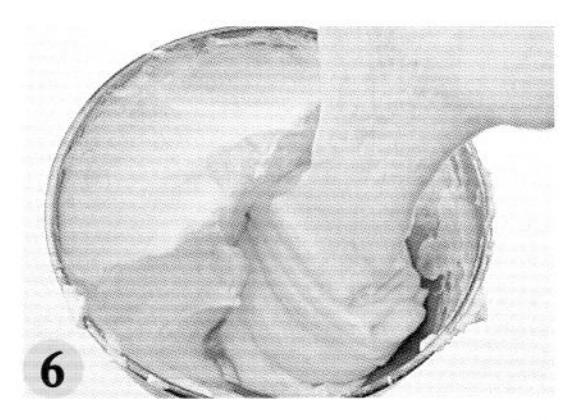

6 拌至面糊光滑后，将其倒回剩下的蛋白霜中，用橡皮刮刀翻拌均匀。

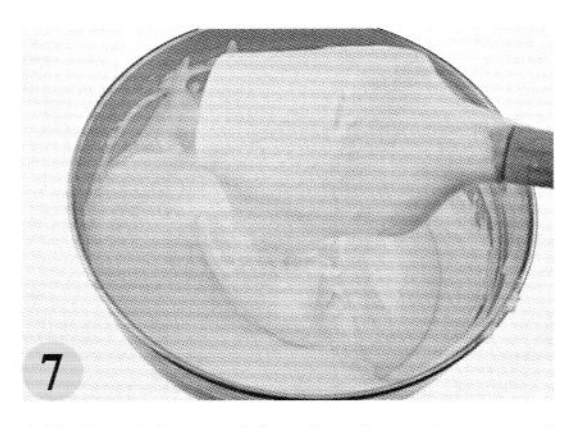

7 拌好的面糊中应看不到一丝蛋白霜，细腻光滑。

8 加入核桃仁碎快速拌匀，蛋糕糊就做好了。

9 将蛋糕糊倒入模具中，倒至八分满即可，用竹签在面糊中划几圈以去除大的气泡。

10 模具放入预热好的烤箱中下层，以 160℃上下火烘烤 43 分钟。

11 戴上隔热手套取出烤好的蛋糕，将模具倒扣，中间的圆柱孔插在酒瓶上。

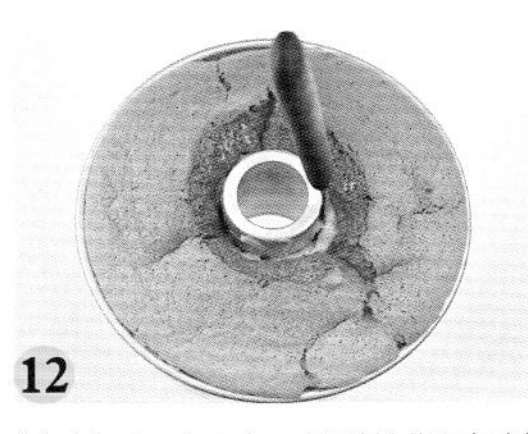

12 等待 2 小时，蛋糕彻底放凉后用脱模刀脱模，用装饰材料点缀即可。

千叶纹蛋糕卷

难度★★

蛋糕卷 1 条

材料 A: 蛋黄 4 颗，色拉油 45 克，水 45 克，细砂糖 20 克，低筋面粉 80 克

B: 蛋白 4 颗，细砂糖 60 克

C: 可可粉 1 大匙，果酱适量

特殊工具 29 厘米 ×25 厘米烤盘

制作心得

◎ 因为将蛋糕的表皮卷在外部，不必担心底部上色过深，所以可以采用高温快速烘烤的方法。

◎ 最后要确保表皮是否已烤干，否则蛋糕卷起时，千叶纹的表皮很容易被粘掉，成品不美观。

步骤

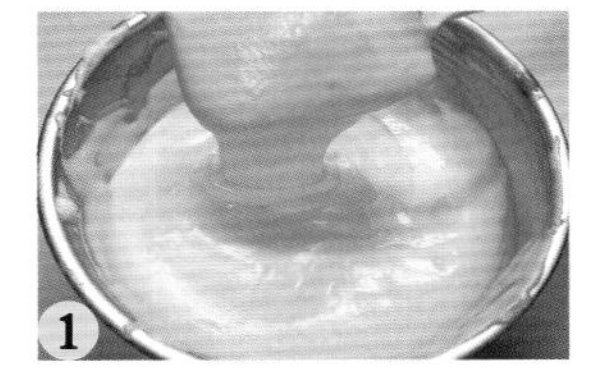

参照 p.73 戚风蛋糕的做法，做好蛋糕糊。

取出 2 大匙蛋糕糊，与可可粉混合拌匀。

将一部分混合好的可可蛋糕糊装入裱花袋内，备用。

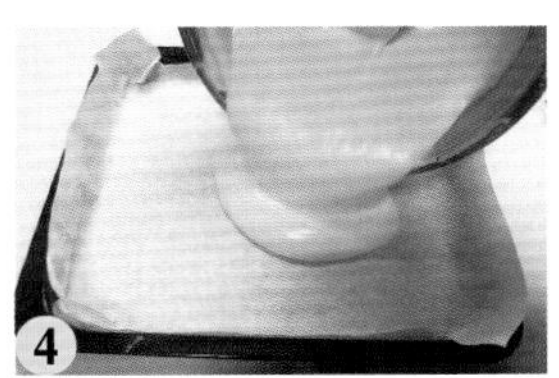

剩余的蛋糕糊倒入垫有油纸的烤盘内，摊平整。

挤出可可蛋糕糊，在蛋糕糊上画横线。

横线全部画好后的样子。

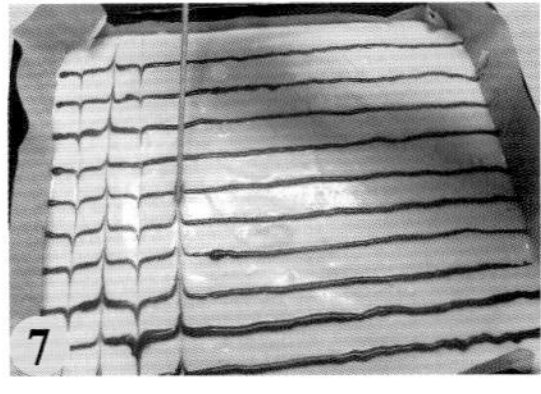

用竹签以第一行正方向直划，第二行反方向直划的方式画出花纹。

画好的蛋糕如图所示。

烤箱预热后，放入烤盘，以上下火 175℃、中层烤 25 分钟。

取出蛋糕放至温热，反面涂上果酱。

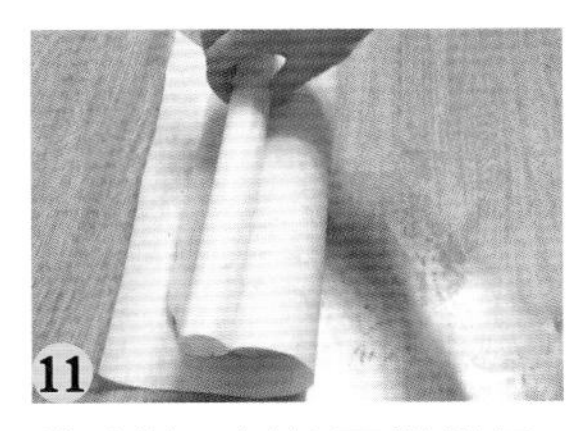

借助擀面杖将蛋糕卷起，卷好后定形 10 分钟。

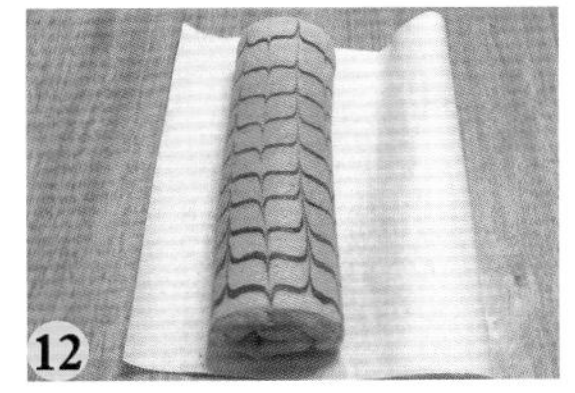

切去两头不平整的地方即可。

双色毛巾蛋糕卷

难度★★

蛋糕卷 1 条

材料

A: 蛋黄 4 颗，细砂糖 20 克，低筋面粉 80 克，色拉油 45 克，牛奶 45 克

B: 蛋白 4 颗，柠檬汁 4 ~ 5 滴，细砂糖 60 克

C: 抹茶粉 1/2 大匙

特殊工具

29 厘米 ×25 厘米烤盘

制作心得

◎ 做双色毛巾蛋糕卷因耗时稍长，所以打发蛋白时可以打发得更充分一些（接近硬性发泡），以免在操作时消泡。

◎ 挤蛋糕糊时力道要均匀，使蛋糕花纹的粗细、厚薄一致，成品更美观。

步骤

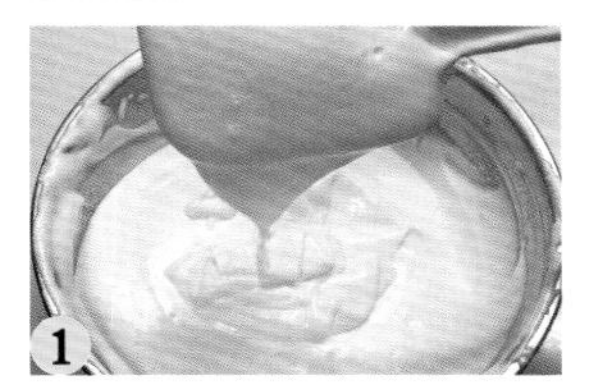

1 参照 p.73 戚风蛋糕的做法，做好蛋糕糊（接近硬性发泡）。

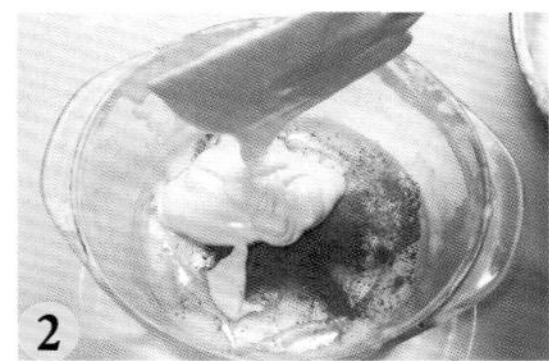

2 将材料 C 先放入盆内，再挖 2 大匙蛋糕糊放入盆内。

3 用橡皮刮刀翻拌均匀。

4 再取 1/2 的蛋糕糊倒入拌好的抹茶面糊内。

5 用橡皮刮刀翻拌均匀，上图是拌好的样子。

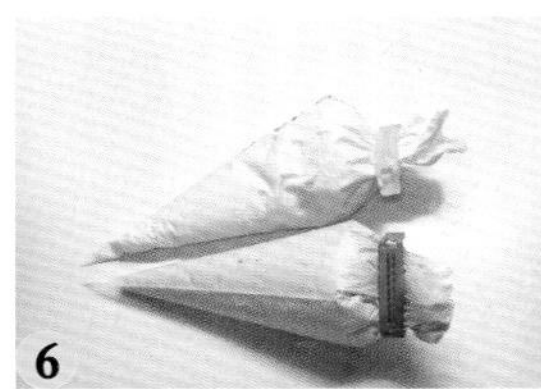

6 将剩余的 1/2 原味蛋糕糊和拌好的抹茶蛋糕糊分别装入裱花袋内。

7 先在烤盘中斜挤上抹茶蛋糕糊，每挤一行，空出一行的位置。

8 再在空出的位置上挤上原味蛋糕糊。

9 烤箱预热，放入烤盘，以上下火 150℃、中层烤 30 分钟，转单上火 170℃烤 1 分钟至表皮上色。

10 烤好后反面放烤网上，撕去油纸，晾至温热卷起。卷法参照 p.83 千叶纹蛋糕卷。

奶牛乳酪卷

难度★★★

蛋糕卷 1 条

材料 蛋糕卷材料:

A: 蛋白 4 颗，细砂糖 40 克

B: 蛋黄 4 颗，细砂糖 20 克，牛奶 50 克，色拉油 40 克，低筋面粉 70 克，玉米淀粉 15 克

C: 无糖可可粉 1 小匙，蛋黄糊 2 大匙，热开水 1 小匙，蛋白霜 2 大匙

乳酪夹心材料:

奶油奶酪 130 克，细砂糖 13 克，牛奶 15 克

特殊工具 29 厘米 ×25 厘米烤盘

步骤

1 将蛋白、蛋黄分别装在无水无油、干净的小盆内，蛋黄盆内加入牛奶、色拉油、细砂糖搅拌均匀。

2 用面粉筛筛入玉米淀粉和低筋面粉。

3 用手动打蛋器将面糊搅拌均匀，即为蛋黄糊。

4 在一个小碗内放入无糖可可粉，放入 2 大匙蛋黄糊，加入 1 小匙热开水，调匀备用。

将细砂糖一次倒入蛋白中，用电动打蛋器中速搅打至九分发，尖峰有些微弯曲，即成蛋白霜。

取 2 大匙蛋白霜放入步骤 4 的面糊中调匀。

烤盘中铺上油纸，用汤匙将可可面糊画在纸上，呈不规则的大斑点状。放入 170℃预热好的烤箱中层烤 1 分钟，至表皮有些凝结。

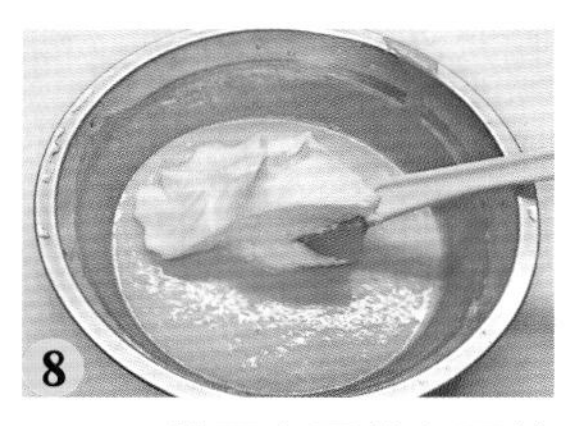

取 1/3 的蛋白霜放入蛋黄糊内，用橡皮刮刀拌匀。

再将拌匀的蛋糕糊倒入剩下的蛋白霜中，由底部向上拌匀。

将拌好的蛋糕糊倒在烤好的可可块上。

将烤盘震动几下，以震去大气泡。

烤箱于 150℃预热，放入烤盘，以上下火 150℃、中层烤 30 分钟，再转单上火烤 1 ~ 2 分钟，至表面呈金黄色。

烤好的蛋糕不要马上取出来，在表面上盖上油纸，等 10 分钟后再取出。

小心地把背面的油纸撕开，动作要慢要轻，不然可可块很容易脱落。

奶油奶酪加细砂糖隔水一边加热，一边用手动打蛋器搅拌。

直至软化成浆状，加入牛奶拌匀。

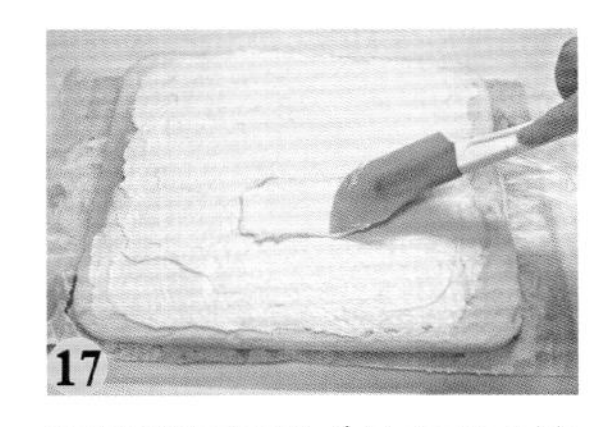

在蛋糕底部（有可可块的一面）垫油纸，将乳酪夹心均匀地涂抹在蛋糕表面。

借助擀面棍提起油纸，将蛋糕卷起。

卷好的蛋糕放入冰箱冷藏 1 小时至定形。

取出蛋糕卷，用齿刀切去两头即可。

虎皮蛋糕卷

难度★★★
蛋糕卷 1 条

材料

"虎皮"材料：

蛋黄 7 颗（约 100 克），细砂糖 40 克，玉米淀粉 25 克

蛋糕卷材料：

A：蛋黄 4 颗，细砂糖 20 克，色拉油 40 克，鲜榨橙汁 50 克，戚风蛋糕粉（或低筋面粉）70 克，玉米淀粉 15 克

B：蛋白 4 颗，细砂糖 40 克

C：动物鲜奶油 150 克，糖粉 18 克

特殊工具 28 厘米方形烤盘

准备

1. 动物鲜奶油提前放入冰箱里，冷藏 8 小时。
2. 玉米淀粉和戚风蛋糕粉混合，过筛备用。

"虎皮"制作步骤

1 蛋黄中加入细砂糖，用电动打蛋器中速搅打。

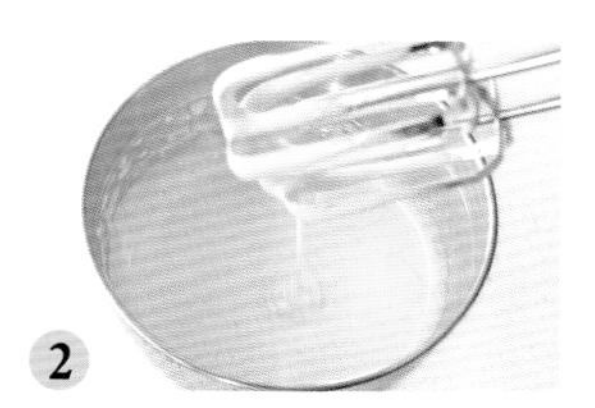

2 继续打至蛋液颜色变浅，体积略膨胀，提起打蛋头时蛋液呈缎带状缓缓流下。

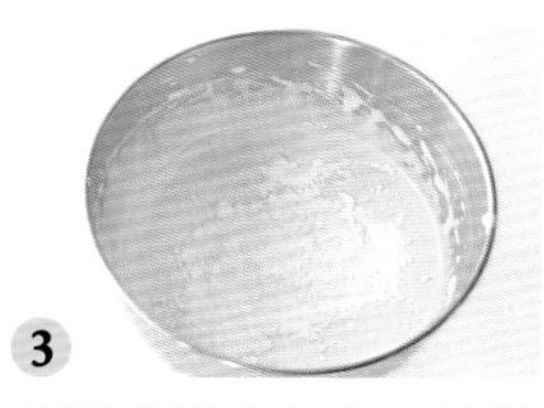

3 往蛋黄糊中加入玉米淀粉，用电动打蛋器低速搅匀至看不到玉米淀粉颗粒即可。不要过度搅拌，以免蛋黄糊消泡。

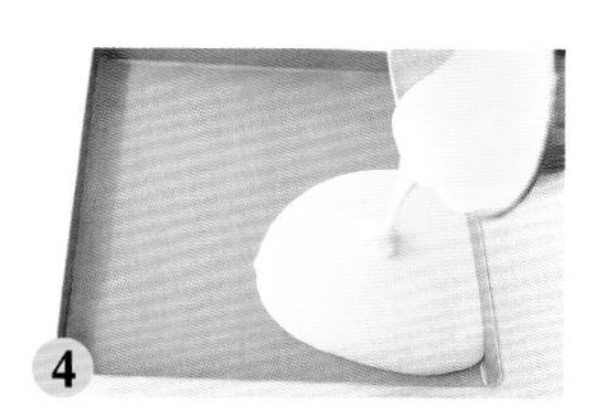

4 在烤盘中平铺油布，倒入蛋黄糊。

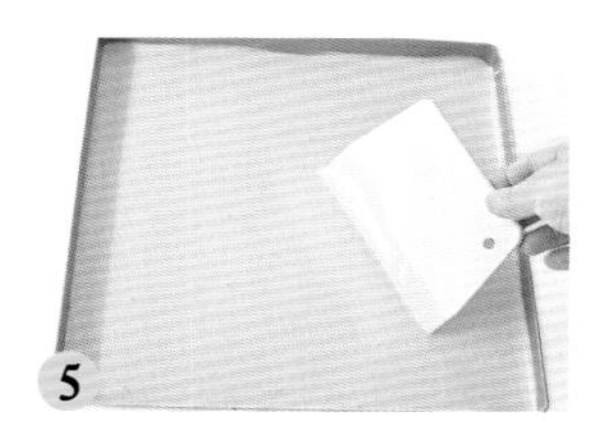

5 用塑料刮板抹平蛋黄糊表面，端起烤盘震几下以消除气泡。

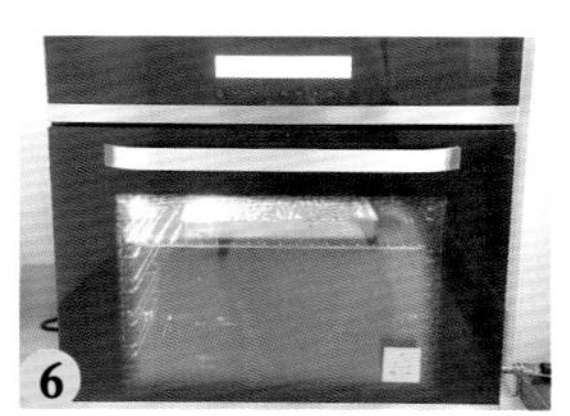

6 烤盘放入预热至 220℃的烤箱的中上层，以 220℃上下火烤 4 ~ 5 分钟，见"虎皮"起皱并微微上色即可。

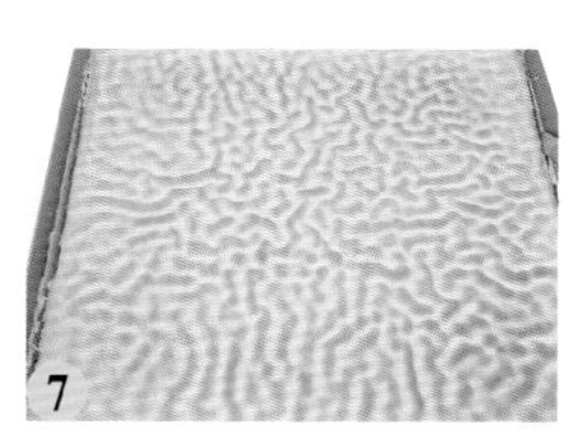

7 用手摸一下"虎皮"表皮，应该是不粘手的。用脱模刀划开粘在方形烤盘四周的"虎皮"。

8 把"虎皮"倒扣在油布上，小心地撕开表面的油布（"虎皮"很容易破），再盖上干净的油纸，静置冷却。

蛋糕卷制作步骤

1 参照本书 p.73 戚风蛋糕步骤 1 ~ 10，做好蛋糕糊，倒入垫上硅胶垫的烤盘中。

2 双手端起烤盘，在案板上反复震几次以去除大的气泡，再用刮板把蛋糕糊表面抹平。

3 烤盘放入预热好的烤箱中层，以 170℃上下火烤 25 分钟。

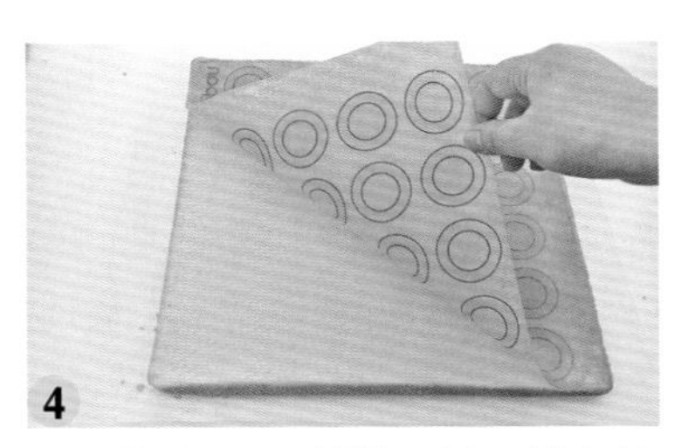

4 取出烤盘，用脱模刀划开粘在烤盘四周的部分蛋糕，把整形好的蛋糕倒扣在一张油纸上，撕去硅胶垫。

5 在案板上铺一张大的油纸，将“虎皮”面朝下摆放，再铺上蛋糕，要将上色的一面朝下。

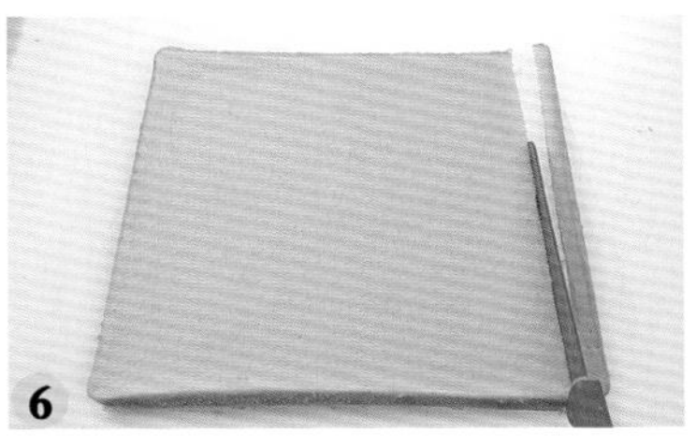

6 用锯齿刀将蛋糕两边不工整的边角切除。

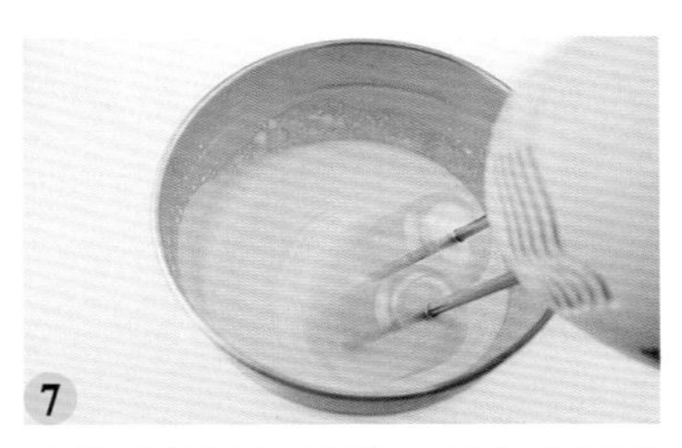

7 动物鲜奶油加糖粉，用电动打蛋器中速打至九分发（详见本书 p.20，夏季要隔冰水打发）。

8 打发好的鲜奶油倒在蛋糕表面，用抹刀抹平。

9 将擀面棍夹在油纸上面。

10 双手将蛋糕卷起，一边卷一边把油纸卷入擀面棍。

11 卷好的蛋糕卷用油纸包好，放入冰箱内冷藏 1 小时。

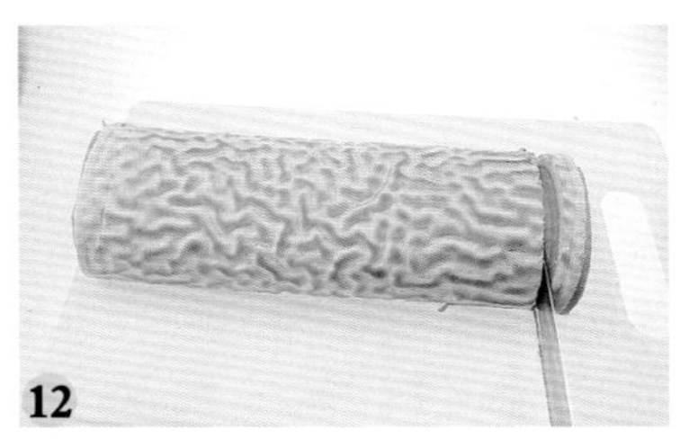

12 取出，切去头尾不整齐的部位，再切成小段即可。

分2次筛入低筋面粉，每筛一次都要用橡皮刮刀轻轻翻拌一次。

翻拌的时候，不可划圈，要从底部向上翻，手势要轻要快，以免蛋糕糊消泡。

其间可夹杂切拌的方式，将蛋糕糊大致翻拌均匀。

牛奶中加入色拉油、盐，用手动打蛋器搅拌至混合。

取步骤4一小部分打发好的全蛋液加入步骤8的混合液中，用橡皮刮刀拌匀。

再拌入步骤7的蛋糕糊中，用橡皮刮刀彻底翻拌均匀。

将蛋糕糊倒入蛋糕模内，至八分满即可。

烤箱预热好后，放入模具，以上下火180℃、中下层烤30～35分钟。

如图是蛋糕烤了约20分钟的样子。

当蛋糕表面变成浅咖啡色时，用锡纸盖住顶部。

继续烘烤片刻，至轻拍蛋糕顶部有弹性即成熟，放凉后脱模即可。

◎ 海绵蛋糕的细砂糖用量较大，不要尝试减少糖量，否则会使蛋糕不易膨胀，而且会减少蛋糕的湿润度。

◎ 全蛋打发时，因蛋黄中含有油脂，会使得气泡难以形成，比打发蛋白更为困难。需要给鸡蛋液加温，削弱鸡蛋的表面张力，才更容易搅打出气泡。加温时不要一开始就把打蛋盆放在热水中，这样盆边的鸡蛋液会受热凝固。而应从冷水开始慢慢加温，一边加温一边搅拌，让鸡蛋液受热均匀。

◎ 打发好的蛋液体积会膨胀至原来的两倍大，提起的蛋液流到表面可以写出8字，并在几秒内消失，如果久久不消失的话就说明蛋液打发过头了。

◎ 蛋液打发好后，加面粉拌匀的动作要轻而快，可以用翻拌、切拌的方式，但不能用刮刀压蛋糊，否则会造成里面的空气消泡。我个人的经验是不要事先筛粉，而是在打发好蛋液后，再将面粉分两次筛入全蛋液中。因为不管过筛得多么仔细，将大量的面粉一次倒入蛋糊中还是会结块很严重的。

香橙海绵蛋糕

难度★★
数量 11 个

材料 A: 橙子 1 个
B: 鸡蛋 3 颗（约 150 ~ 160 克），低筋面粉 100 克，细砂糖 95 克，盐 1/8 小匙，色拉油 25 克

特殊工具 蛋糕模具（直径 7 厘米 × 高 3.5 厘米）11 个

制作心得
◎ 橙皮既可以给蛋糕增加香味又能解腻，但是削的时候千万不要削到白色内瓤，否则口感会发苦。
◎ 隔水加热蛋液可以帮助打发，隔水加热时要一边加热一边搅拌，这样才能均匀地加热，不至于底部的蛋液被烫熟了。另外用于加热蛋液的水也不要太热。

步骤

1 用小刀将橙子外表薄薄地削出一层黄色的皮。（大橙子用 2/3 个，小橙子用 1 个的量）

2 将削下来的皮切成碎屑。

3 将削完皮的橙子榨汁后取出 35 克橙汁，和色拉油一起放在同一个碗内。

4 3 颗鸡蛋打散，加细砂糖、盐在盆内搅匀，隔冷水一边小火加热，一边搅拌，直至蛋液的温度达到 36 ~ 40℃。

5 用电动打蛋器中速搅打，直至蛋液变成浅黄色，提起能写 8 字并在短短几秒内消失。

6 将步骤 3 的橙汁和色拉油用手动打蛋器搅拌均匀。

7 将低筋面粉筛入蛋液中，用橡皮刮刀拌匀。

8 加入橙皮屑。

9 加入步骤 6 的混合液。

10 再用橡皮刮刀拌匀。

11 将蛋糕糊倒入蛋糕模具内，至九分满。烤箱于 170℃预热，放入模具，以上下火 170℃、中层烤 25 分钟。

12 香橙海绵蛋糕制作完成。

奶香鸡蛋糕

难度★★
数量 12 个

材料 A: 蛋糕粉（或低筋面粉）130 克，泡打粉 1/2 小匙，杏仁粉 15 克，玉米淀粉 5 克，奶粉 7 克
B: 动物鲜奶油 50 克，黄油 90 克，鸡蛋 150 克，细砂糖 130 克，盐 1/4 小匙
C: 蜂蜜 15 克，60℃温开水 15 克

特殊工具 12 连马芬盘，蛋糕油纸托（5.2 厘米 ×3 厘米）12 个

准备

1. 将黄油提前从冰箱里取出，切成小块，室温下软化至用手指可轻松压出手印。
2. 提前从冰箱里取出鸡蛋，在室温下回温。
3. 将蛋糕油纸托放入 12 连马芬盘中。
4. 材料 C 调匀成蜂蜜水。
5. 材料 A 混合，用面粉筛过筛，备用。

步骤

软化好的黄油放入小锅内，加入动物鲜奶油，用小火煮至化成液态，熄火放凉至温热备用。

鸡蛋磕入打蛋盆中，加入盐、细砂糖，隔 45℃温水加热，边加热边用手动打蛋器搅拌。

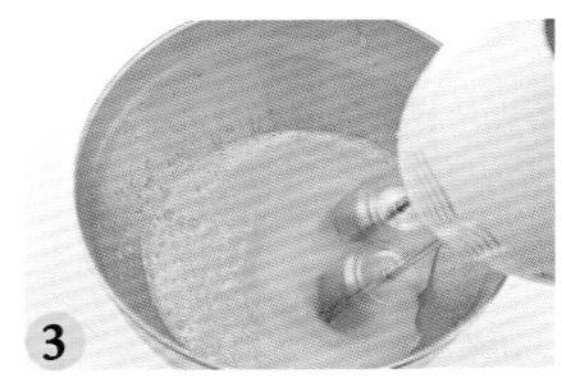

当蛋液温度达到 38℃左右时端离温水，用电动打蛋器中速搅打。

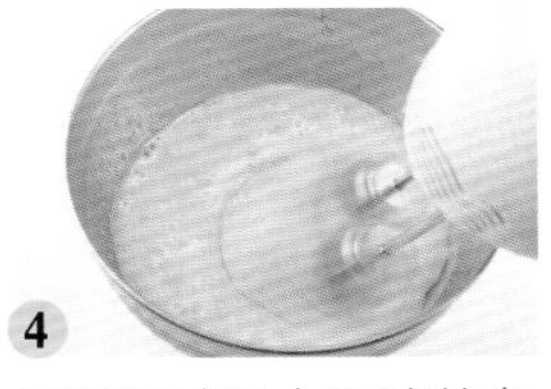

在搅打过程中蛋液的色泽由黄色变为浅黄色，体积也膨大 1 倍。

继续中速搅打至提起打蛋头，流下的蛋液可在表面写出 8 字，并在几秒钟后才消失，转低速再搅打 1 分钟，消除蛋液中的大气泡，使蛋液变得更细腻。

加入过筛的材料 A。

用橡皮刮刀由底部向上翻拌。

如此反复翻拌约 50 下，直至看不到干的粉类、面糊变得较光滑为止。

倒入调好的蜂蜜水，迅速翻拌均匀。

倒入步骤 1 的混合液，边倒边迅速由底部向上翻拌均匀，即成蛋糕糊。

将蛋糕糊装入裱花袋中，挤入 12 连马芬盘中的蛋糕油纸托里，至九分满。

将 12 连马芬盘放入预热好的烤箱中层，以 170℃上下火烤 20 ~ 25 分钟，至表面呈金黄色即可。

柠檬小蛋糕

难度★★
数量 12 个

材料 蛋糕材料:
蛋糕粉（或低筋面粉）100 克，柠檬 1.5 个，细砂糖 95 克，盐 1/16 小匙，鸡蛋 3 颗（100 克），蛋黄 2 颗（30 克），黄油 50 克，柠檬汁 7 克
装饰材料:
动物鲜奶油 150 克，糖粉 15 克

特殊工具 12 连马芬盘，蛋糕油纸托 12 个，大菊花嘴

准备

1. 将黄油提前从冰箱中取出，放入干净的盆中，在室温下软化至用手指可轻松压出手印。黄油切成小块，放入不锈钢小盆内。
2. 动物鲜奶油提前放入冰箱冷藏 8 小时以上。
3. 柠檬用盐搓洗净，用刀刮取柠檬黄色表皮，切成碎。
4. 将蛋糕油纸托放入蛋糕模具内。

步骤

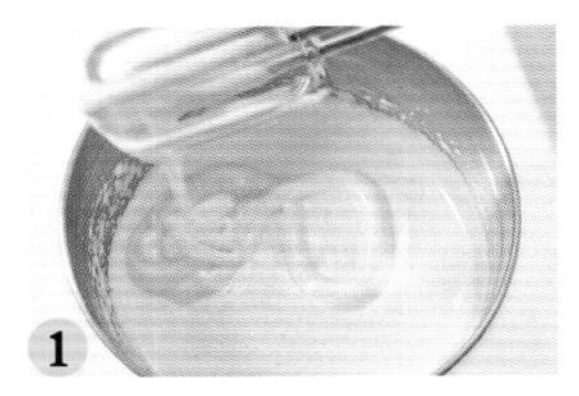

1 将 3 颗鸡蛋、2 颗蛋黄放入打蛋盆内，加入全部细砂糖，放入 45℃的热水锅中，参照本书 p.16 打发全蛋的方法将蛋液打发。

2 将黄油放入不锈钢小盆内，连盆一起放入热水锅中，隔热水使黄油化成液态备用。

3 用面粉筛将蛋糕粉筛入打发的蛋液中，翻拌面糊，要从底部往上翻拌。

4 由外向内翻起内部的面粉，不要切拌，每次都要从底部翻起面粉，如此反复约 50 下。

5 拌好的面糊应光滑无颗粒，加入柠檬皮碎拌匀。

6 将化成液态的黄油和柠檬汁分次缓慢地倒入拌好的面糊中。

7 拌匀面糊，至看不到黄油和柠檬汁。

8 将面糊倒入蛋糕模具内，至八分满。

9 将蛋糕模具放入预热好的烤箱中层，以 160℃上下火烤 20 分钟，取出放凉，密封静置。这款蛋糕隔夜后再食用风味最佳。

10 食用前取动物鲜奶油放入打蛋盆中，加入糖粉，用电动打蛋器打至坚挺的状态（参照本书 p.20）。

11 裱花袋装上大菊花嘴，装入打发的动物鲜奶油。

12 在杯子蛋糕的顶部绕圈，挤上鲜奶油即可。

蛋黄派

难度★★★
数量6个

材料 蛋糕材料：
A: 黄油15克，牛奶18克
B: 细砂糖50克，蜂蜜（或水饴）5克，大鸡蛋2颗（净重90～100克）
C: 蛋糕粉（或低筋面粉）45克
英式奶油霜材料：
蛋黄2颗，牛奶65克，白砂糖40克，黄油100克，香草精1/4小匙

特殊工具 6连马芬盘，蛋糕油纸托6个

准备
1. 两份黄油都要提前半小时从冰箱的冷藏室里取出，切成小块，放室温软化至可轻松的按压下手指印。
2. 将蛋糕粉用面粉筛筛在一张大纸上，要过筛两遍。
3. 将蛋糕油纸托逐个放入蛋糕模具中。

步骤

1 把材料 A 放入不锈钢小盆中，隔热水加热成液态。

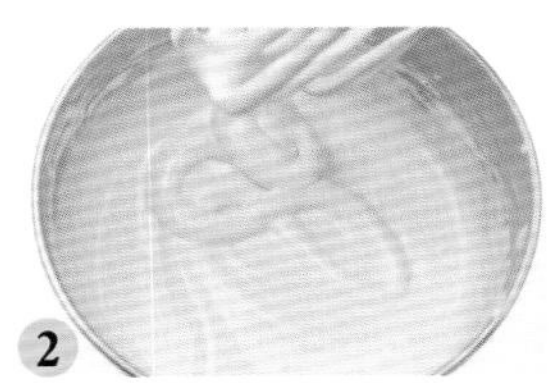

2 将材料 B 放入无水无油、干净的打蛋盆内，隔 40 ~ 45℃的热水打发（参照本书 p.16）。

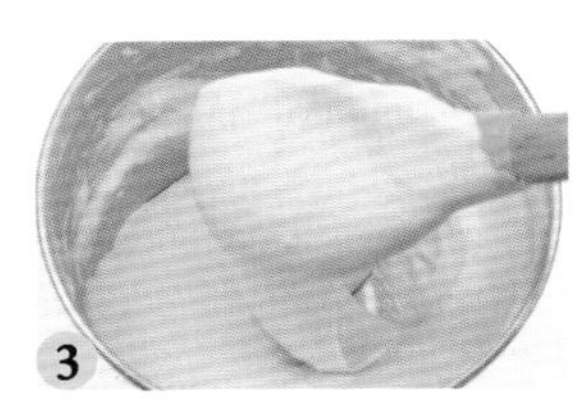

3 筛入蛋糕粉，从盆的底部往上翻拌，每次都要从盆底把干面粉翻出来。动作要轻柔，一直拌至看不到面粉颗粒，面糊成光滑细腻的状态。

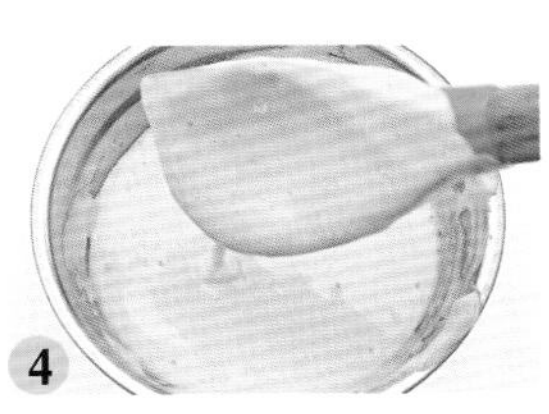

4 取出约 1/10 的面糊，加入步骤 1 的混合液中大致拌匀，再倒回步骤 3 的面糊盆中，轻柔地搅拌均匀。

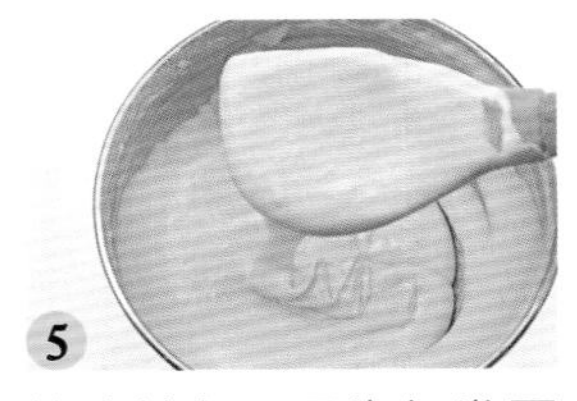

5 快速拌匀，因为打发蛋液最怕油脂，一旦遇到油脂很快就消泡了。所以这里翻拌的动作一定要快。

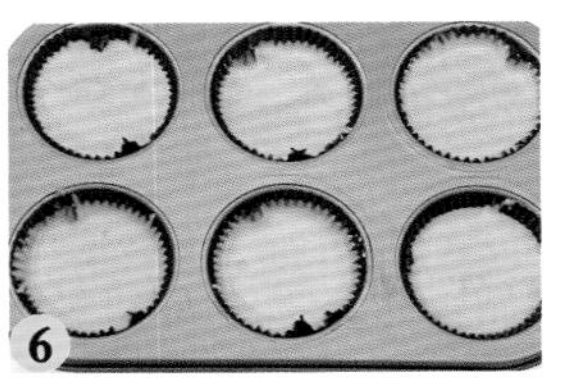

6 面糊拌匀后马上倒入模具中，至八九分满即可。因为面糊在烘烤中会膨胀，如果倒入过多的面糊，会溢出来。

7 模具放入预热好的烤箱中层，以 160℃上下火烤 18 ~ 20 分钟，至蛋糕表面呈金黄色即可。

8 制作英式奶油霜：将蛋黄和白砂糖放入打蛋盆里，用电动打蛋器中速搅拌至白砂糖化开。

9 取小锅倒入牛奶，再倒入打散的蛋黄液，置火上加热，边加热边搅拌。

10 煮至约 75℃，用锅铲挑起来看一下，液体变得浓稠，用手划过铲子上的液体可划出一条痕迹。

11 将煮好的蛋奶浆过滤，放凉至室温（要低于 30℃）。

12 软化好的黄油用电动打蛋器搅散，加入香草精搅打均匀。

13 分 3 次加入冷却的蛋奶浆，每次都要搅打均匀后再加入下一次。当搅成乳膏状时，英式奶油霜就做好了。

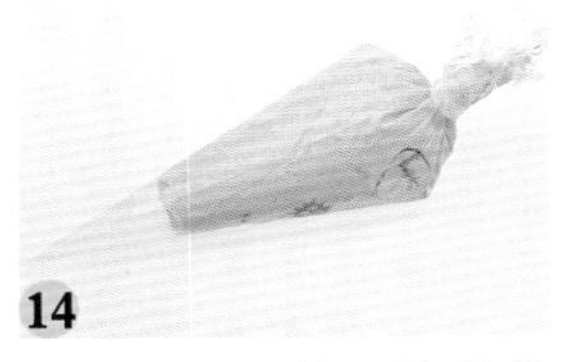

14 英式奶油霜装入裱花袋中，尖端剪一道小口。

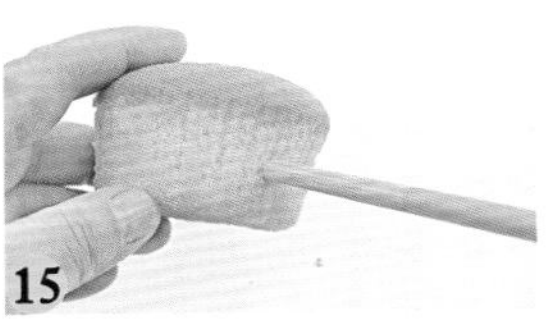

15 用筷子在冷却的蛋糕侧面扎一个孔。

16 用裱花袋将奶油霜挤进孔中即可。

PATISSIER

蜂蜜凹蛋糕

难度★

15 厘米蛋糕 1 个

材料 鸡蛋 2 颗（100 克），蛋黄 2 颗（30 克），细砂糖 60 克，蜂蜜 15 克，蛋糕粉（或低筋面粉）60 克，动物鲜奶油 25 克

特殊工具 15 厘米圆形活底蛋糕模（双面矽利康）

准备 剪一张圆形油纸铺垫在蛋糕模底部，再剪一圈围边油纸，围在蛋糕模内壁上。可在模具上抹点黄油，将油纸粘在模具上。（图 a）

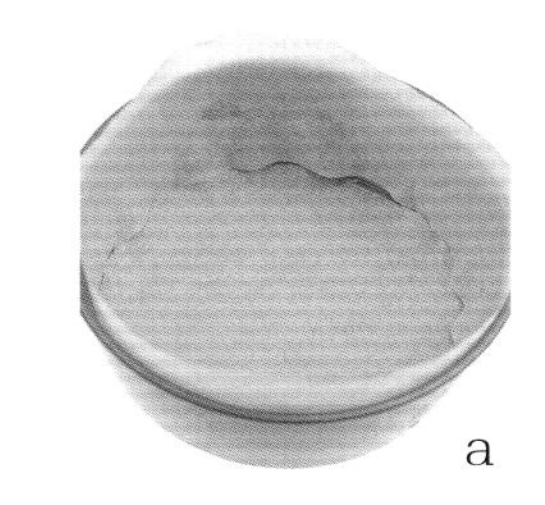

a

步骤

将鸡蛋、蛋黄、细砂糖、蜂蜜倒入打蛋盆内。取较大的不锈钢锅，倒入凉水，置火上，凉水中放入打蛋盆，隔水加温，同时用手动打蛋器不停地搅拌。

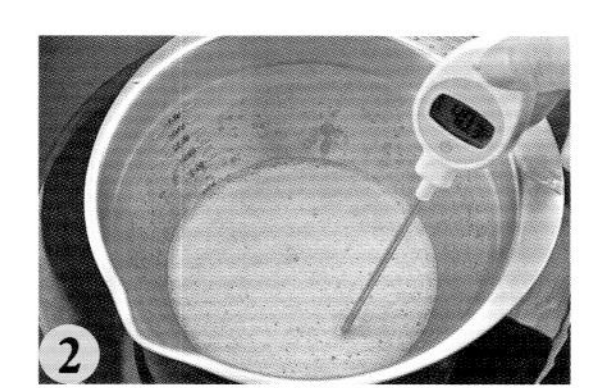

加热至蛋液温度达到 38 ~ 40℃时，立即将打蛋盆端离热水。

用电动打蛋器中速搅打，蛋液会慢慢由黄变白，体积膨大。搅打到蛋液由黄色转为浅黄色，提起打蛋头时蛋液如缎带般流下，并在短短几秒钟后才消失即可。

将蛋糕粉筛入打蛋盆内，面粉会沉到蛋液之下，用橡皮刮刀由底部向上轻轻翻拌。

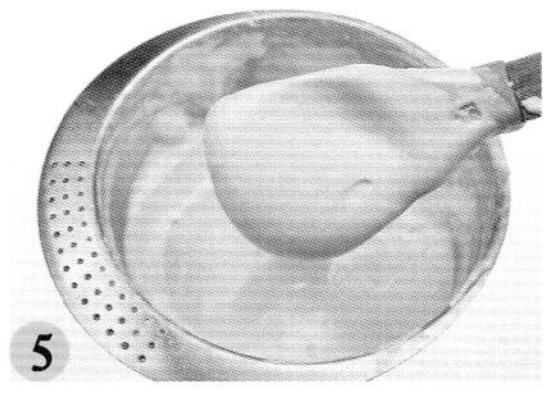

一直翻拌到看不到面粉颗粒、面糊变得光滑细腻。

将动物鲜奶油小心地淋在面糊上。

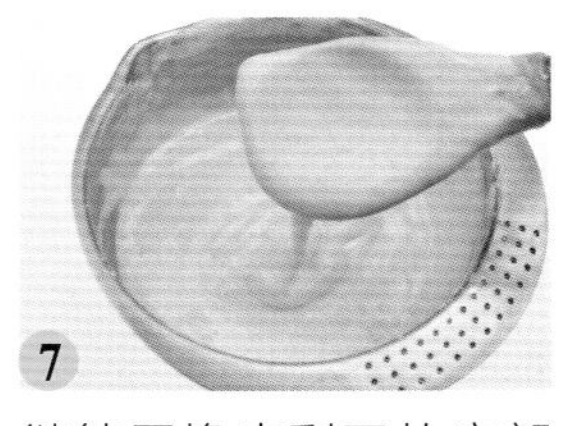

继续用橡皮刮刀从底部向上翻拌，直到完全拌匀、看不到动物鲜奶油。

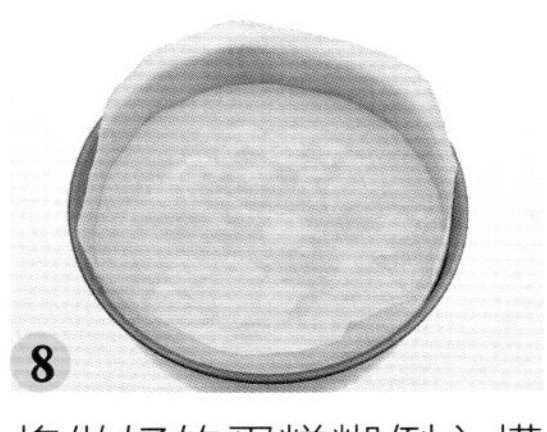

将做好的蛋糕糊倒入模具内。

预热好的烤箱底层放烤盘，上面再放一个烤网，将模具放在烤网上，以 170℃上下火烤 15（半熟）~ 20 分钟（全熟）。

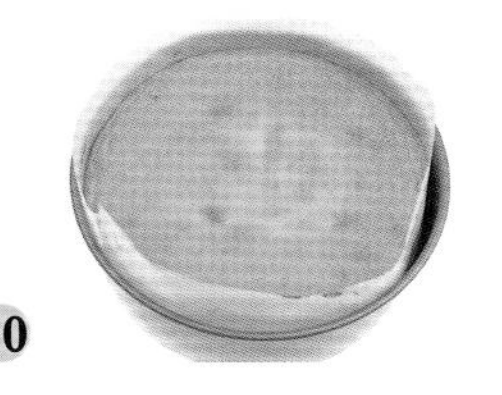

烤好的蛋糕不要倒扣，直接提起油纸，连同蛋糕一起取出，再撕去油纸即可。

巧克力棉花派

难度★★
数量 5 个

材料 蛋糕材料：
鸡蛋 2 颗（100 克），蛋黄 1 颗（15 克），蛋糕粉（或低筋面粉）90 克，细砂糖 40 克，蜂蜜 5 克，香草精 1/2 小匙
内馅材料：
市售棉花糖适量
裹面材料：
33% 牛奶巧克力 100 克

特殊工具 直径 6 毫米的圆口裱花嘴，巧克力熔炉

巧克力熔炉

步骤

将鸡蛋、蛋黄、细砂糖、蜂蜜放入小盆内，隔 45℃温水加热，边加热边用手动打蛋器搅拌，直至蛋液温度达到 38℃左右。

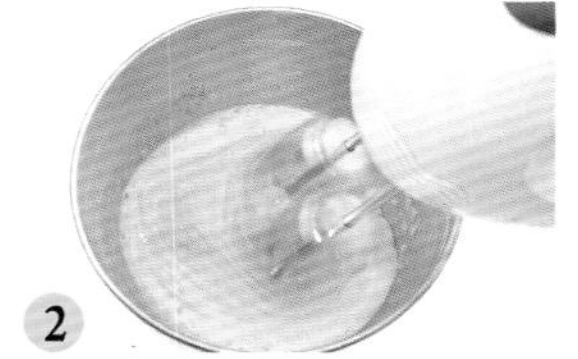

将蛋液端离热水，用电动打蛋器中速打发。刚开始蛋液是黄色的，随着搅打色泽越变越浅，体积膨大。

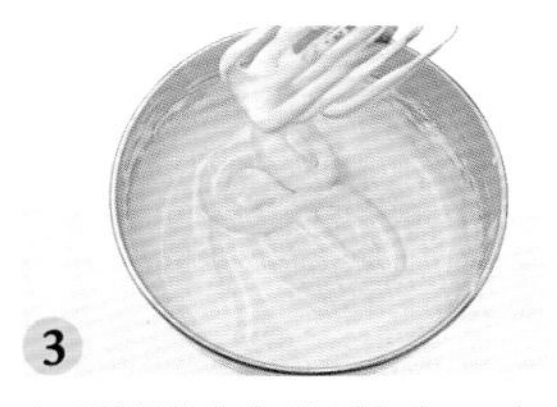

打到蛋液色泽转白、气泡变小，提起打蛋头时滴落的蛋液可写出 8 字，几秒钟后才消失。

蛋糕粉筛入蛋液中，用橡皮刮刀由底部向上翻起，将面糊拌匀，加入香草精。

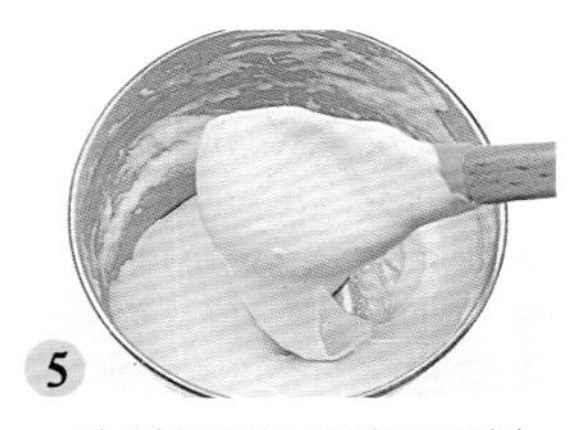

一直拌至看不到干面粉，面糊呈光滑、细腻的状态。

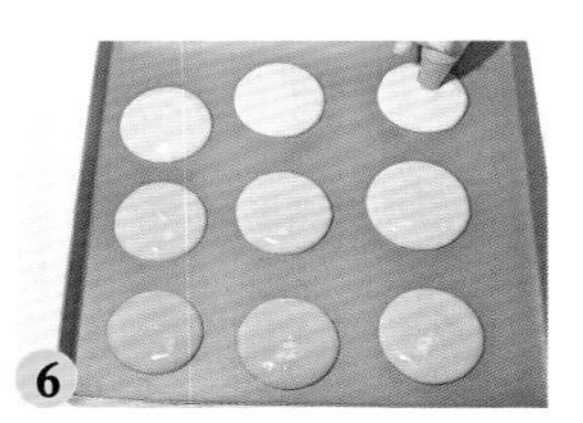

圆裱花嘴装入裱花袋中，再将面糊装入裱花袋中，烤盘铺油纸，在烤盘上挤出直径 6 厘米的圆饼，互相之间要保持间距。

烤盘放入预热好的烤箱中层，以 180℃上下火烘烤 12 分钟。

将市售棉花糖放入小奶锅中加热化开，装入裱花袋中。取出烤好的蛋糕片，每 2 片为 1 组，在其中一片上绕圈挤上化开的棉花糖。

取另一片蛋糕片，盖在棉花糖上。

33% 牛奶巧克力放入巧克力熔炉中，设置温度为 50℃，搅拌至化成光滑细腻的酱状。

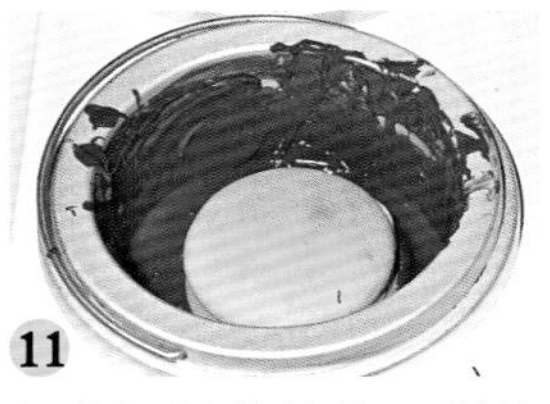

把夹好棉花糖的蛋糕放入巧克力酱中。

用筷子将蛋糕翻面，使其均匀地裹满巧克力酱，放在油布上自然冷却。

可可分蛋海绵蛋糕

难度★★
15 厘米蛋糕 1 个

材料 A: 蛋黄 120 克，细砂糖 40 克，蛋糕粉（或低筋面粉）60 克，可可粉 24 克，黄油 36 克
B: 蛋白 120 克，细砂糖 50 克

特殊工具 15 厘米圆形蛋糕模

准备 1. 蛋白和蛋黄分别装入无水、无油的干净打蛋盆内。
2. 黄油放入盆中，隔热水化开成液态。
3. 剪一张圆形油纸铺垫在蛋糕模底部，再剪一圈围边油纸，围在蛋糕模内壁上。
4. 蛋糕粉和可可粉混合搅匀，过筛备用。

步骤

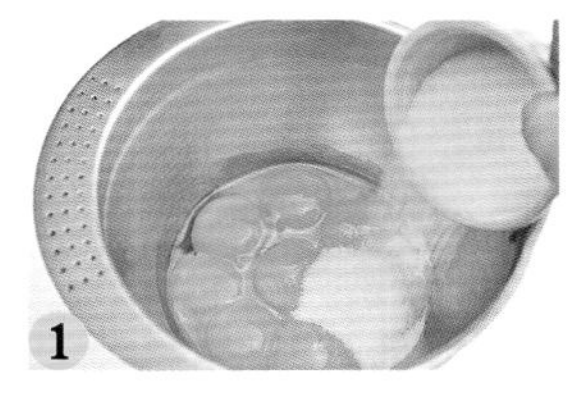

蛋黄中加入 40 克细砂糖，参照本书 p.15 蛋黄打发的方法，在不加热的情况下打发蛋黄。

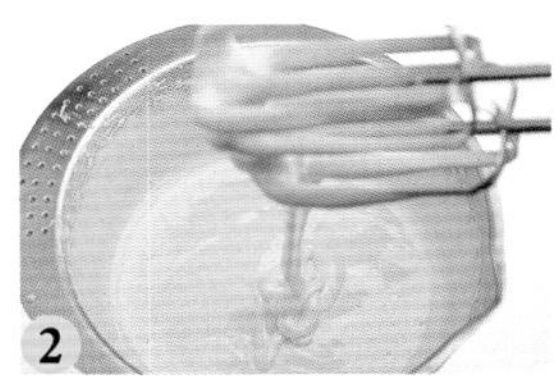

蛋黄变得越来越白，体积膨大至原来的 2 倍，提起打蛋头时蛋液如缎带般流下，即完成打发。

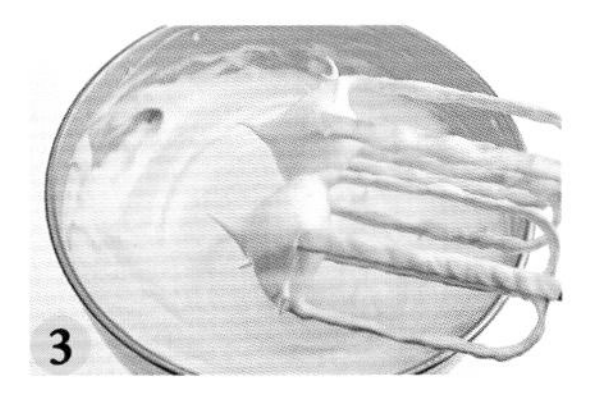

蛋白盆中分 3 次加入材料 B 中的 50 克细砂糖，用电动打蛋器中速打至九分发（参照本书 p.13）。

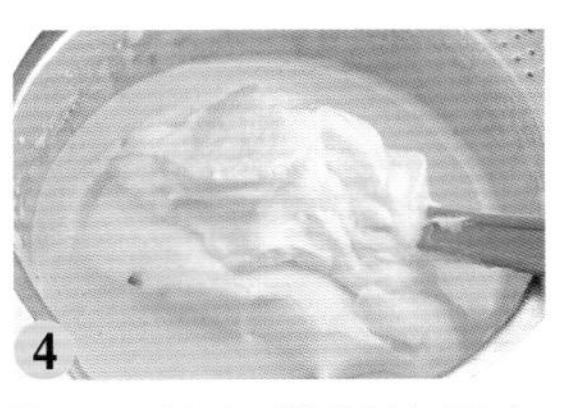

取 1/3 的打发好的蛋白霜，加入打发好的蛋黄中，用橡皮刮刀翻拌均匀。

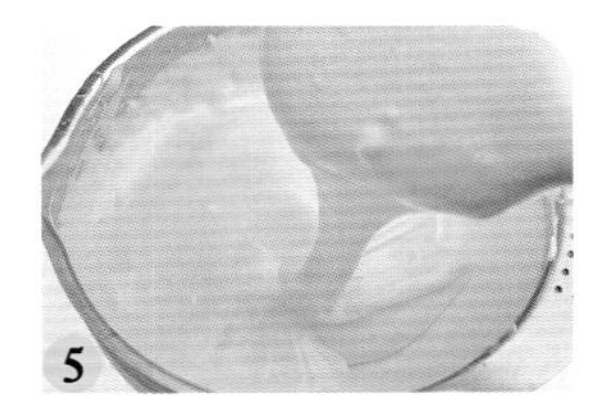

翻拌时间不宜过长，拌到看不到蛋白霜即可。

分 2 次加入过筛的蛋糕粉和可可粉，每次都要用刮刀翻拌均匀。

拌的时候尽量从底部往上翻拌。

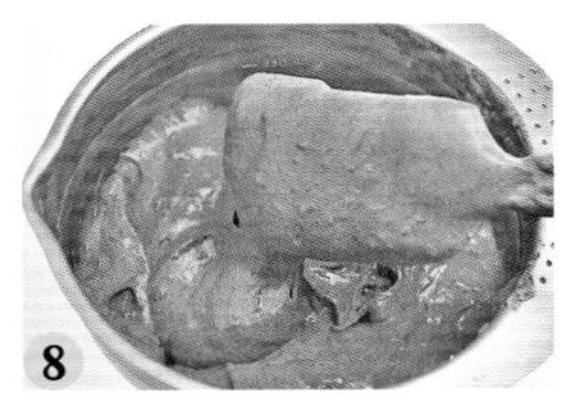

直到面糊彻底拌匀，看不到面粉和可可粉。

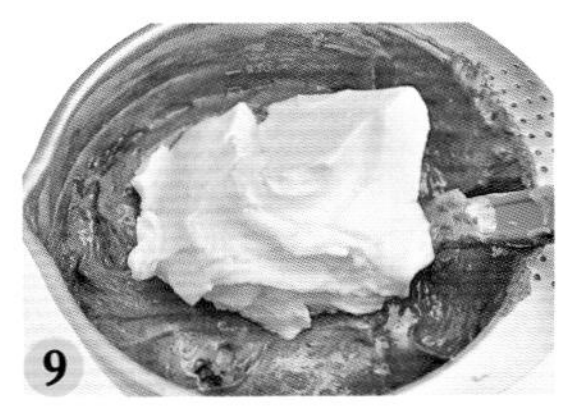

分 2 次加入剩下的蛋白霜，每次都要翻拌到看不到蛋白霜为止。

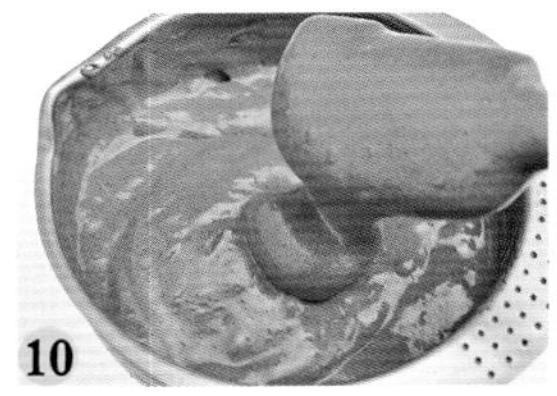

面糊拌好的状态。

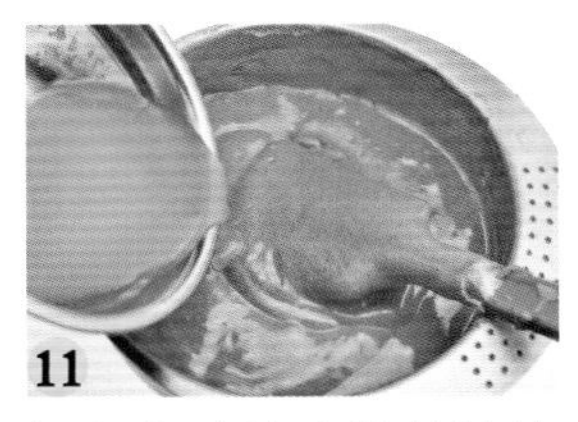

加入化成液态的黄油快速拌匀。加黄油后面糊易消泡，动作要尽量快。

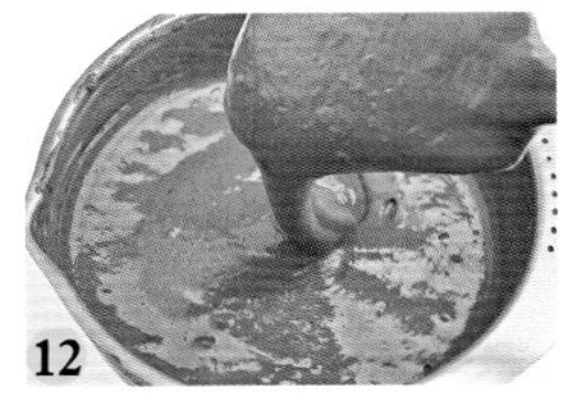

拌好的蛋糕糊像缎带般流下。

把蛋糕糊倒入模具中，至八分满。

模具放入预热好的烤箱中下层，以 160℃上下火烘烤 35 分钟。

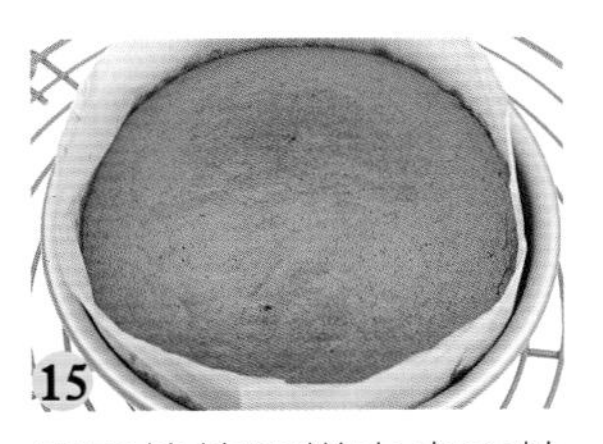

用手拍拍蛋糕表皮不粘手，有弹力，表示蛋糕好了。烤好的蛋糕马上取出即可，不需要倒扣。

小夜曲巧克力蛋糕

难度★★
数量 8 块

材料 蛋糕材料：

A: 蛋糕粉（或低筋面粉）75 克，可可粉 30 克，蛋黄 150 克，细砂糖 55 克，蛋白 150 克，细砂糖 60 克，黄油 45 克

B: 动物鲜奶油 110 克，33% 牛奶巧克力 135 克，动物鲜奶油 200 克

C: 70% 黑巧克力 120 克，动物鲜奶油 86 克

表面装饰材料：

糖渍水果、薄荷叶适量

水蜜桃慕斯蛋糕

难度★★

6寸蛋糕1个

材料

慕斯材料：

A：罐装水蜜桃1瓶（450克），酸奶100克

B：动物鲜奶油100克，细砂糖10克

C：鱼胶粉3小匙，清水3大匙

水晶果冻材料：

罐装水蜜桃糖水135克，橙汁50克，鱼胶粉（2+1/2）小匙

表面装饰材料：

糖渍水果及新鲜水果各适量

特殊工具

6寸活底圆模

准备

1. 参考p.73戚风蛋糕的材料和做法，烤制6寸戚风蛋糕1个，用蛋糕刀片成1片2厘米厚的蛋糕片。
2. 从罐装水蜜桃中取2个水蜜桃备用，其余的切片。

◎ 本款慕斯蛋糕只放1片厚蛋糕片即可，否则没有位置摆放水蜜桃和果冻。

◎ 化开的鱼胶粉不能直接加入打发好的鲜奶油中，温度过高会让鲜奶油化掉，应降温后再倒入，而且一边加入，一边要迅速用打蛋器拌匀。

◎ 倒入果冻液时也需要放凉，不然冻好的慕斯就化了。

步骤

1 取2个水蜜桃，用搅拌机打成果泥。

2 动物鲜奶油加细砂糖，隔冰水打至六七分发。

3 加入酸奶搅拌均匀。

4 加入果泥，用手动打蛋器搅拌均匀。

5 将材料C浸泡5分钟，加热成液态，放凉至30℃，加入步骤4的混合物中搅匀。

6 将6寸戚风蛋糕片（2厘米厚）四周修剪后，放入模具内。

7 将步骤5混合好的慕斯糊倒入模具内。

8 倒完后，移入冰箱冷藏2小时后取出。

9 表面铺上水蜜桃切片。

10 水晶果冻材料先浸泡10分钟，再隔水化成液态，放凉。

11 将放凉的果冻液倒在蛋糕表面。

12 再重新移入冰箱冷藏2小时，取出，用电吹风沿模具边缘吹约1分钟脱模，用表面装饰材料点缀即可。

香蕉巧克力慕斯杯

难度★★
数量 4 个

材料 蛋糕材料：
鸡蛋 2 颗（100 克），白砂糖 50 克，蛋糕粉（或低筋面粉）60 克，牛奶 25 克，黄油 15 克
慕斯材料：
70% 黑巧克力 45 克，黄油 23 克，香蕉 180 克，牛奶 100 克，吉利丁片 1 片，动物鲜奶油 180 克，细砂糖 40 克，核桃碎（烤熟）20 克
表面装饰材料：
糖渍水果、白巧克力件、薄荷叶各适量

特殊工具 玻璃杯 4 个（直径 7 厘米 × 高 9 厘米），20 厘米方形烤盘，直径 6 厘米圆形切割器

步骤

1 将蛋糕材料参照本书 p.94 全蛋海绵蛋糕步骤 1 ～ 11 做好蛋糕糊，倒入垫好油纸的平烤盘中，用竹签划几下以去除大气泡。

2 烤盘放入预热好的烤箱中层，以 160℃上下火烤 20 分钟。

3 烤好的蛋糕用 6 厘米圆形切割器压出圆片蛋糕，从中间横剖成两片。

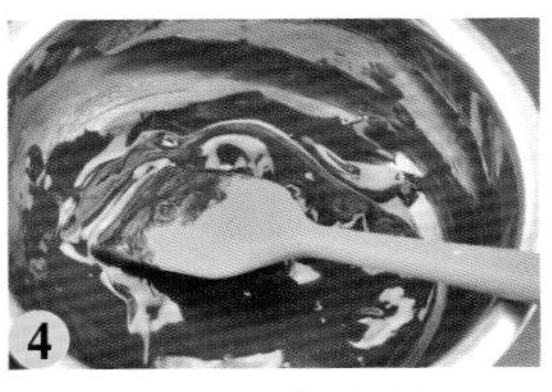

4 黑巧克力和黄油放入不锈钢小盆内，隔 50℃温水搅拌至化开，成酱状。

5 用汤匙将香蕉压成细腻的泥状。

6 将香蕉泥加入黑巧克力酱中，用手动打蛋器搅拌均匀。

7 动物鲜奶油放入打蛋盆中，加入细砂糖，用手动打蛋器搅拌成半固体状（七八分发，参照本书 p.20）。

8 把香蕉巧克力酱加入打发好的鲜奶油中，用手动打蛋器搅匀。

9 吉利丁片放入牛奶中，浸泡 5 分钟，然后把牛奶盆隔热水加热，边加热边搅拌至吉利丁片完全化成液态。

10 将吉利丁奶液放凉后倒入步骤 8 的混合物中，用手动打蛋器搅匀，至呈酸奶般浓稠的状态，慕斯糊就做好了。

11 将慕斯糊倒入玻璃杯中，至 1/3 即可，在上面盖上蛋糕片，再撒上几颗核桃碎。

12 再倒 1 层慕斯糊，再盖 1 片蛋糕片，最后顶部加满慕斯糊。做好的成品要移入冰箱冷藏 1 小时后，用表面装饰材料点缀即可食用。

轻乳酪蛋糕

难度★★★

7 寸蛋糕 1 个

材料

A: 奶油奶酪 150 克，牛奶 150 克

B: 蛋黄 3 个（60 克），黄油 38 克，低筋面粉 30 克，玉米淀粉 20 克

C: 蛋白 3 个（120 克），细砂糖 75 克

D: 黄色果胶适量

特殊工具

7 寸活底圆模

制作心得

◎ 冷藏保存的奶油奶酪不易搅拌均匀，要隔水加热软化后才容易搅拌。

◎ 蛋白不宜打发过度，否则烘烤时会膨胀开裂，并且口感干燥。

◎ 蛋白只打至八分发，拌好的面糊流动性很大，最好在活底模具外包上锡纸以防渗漏。

◎ 水浴法：为保持芝士类蛋糕口感湿润、细腻，多采用隔水烘烤法。最底层插一烤盘，里面盛满水，倒数第二层插烤网，摆放蛋糕模，在烘烤过程中要始终保持烤盘内有水。

步骤

奶油奶酪切小块，加入 1/4 的牛奶隔温水软化。一边加热，一边搅拌至呈乳膏状时端离热水。

分次少量地加入剩下的 3/4 牛奶，一边加一边用手动打蛋器搅拌均匀。

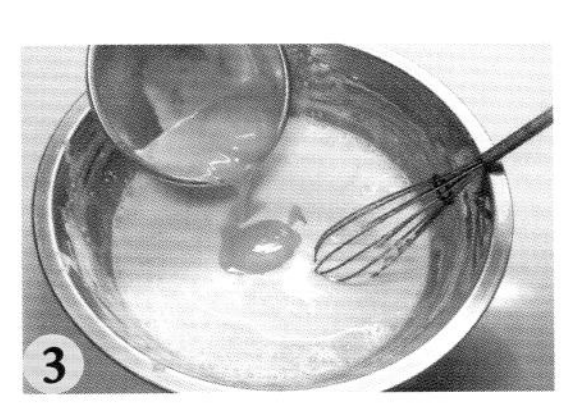

分次加入蛋黄，用手动打蛋器搅拌均匀。

黄油切小块，隔水化成液态，加入步骤 3 的奶酪糊中搅拌均匀。

再筛入低筋面粉及玉米淀粉。

用手动打蛋器搅拌均匀至无面粉颗粒。

蛋白加细砂糖打至湿性发泡（约八分发）。

取 1/3 的蛋白霜加入步骤 6 的面粉糊内，用橡皮刮刀翻拌均匀。

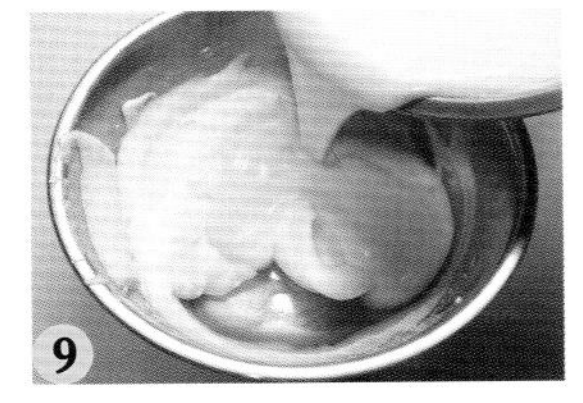

倒回剩下的 2/3 蛋白霜内。

混拌均匀后倒入底部包有锡纸的活底圆形模具内。

蛋糕糊放倒数第二层，底部插一盛满水的烤盘，以 150℃烤 40 分钟，转 170℃烤 20 分钟即可。

烤好的蛋糕放至自然冷却，在表面涂上黄色果胶，再移入冰箱冷藏 6 小时脱模。

纽约芝士蛋糕

难度★★
6寸蛋糕1个

材料

饼干底材料：
奥利奥饼干90克，黄油5克

酸奶油材料：
动物鲜奶油200克，浓缩柠檬汁2小匙

蛋糕材料：
奶油奶酪250克，细砂糖70克，酸奶2大匙，鸡蛋2颗

顶部装饰材料：
糖渍水果若干

特殊工具 6寸活底蛋糕模

◎ 制作饼干底时，一定要压得平整、紧实一些，这样在脱模切块时才不至于松散。
◎ 蛋糕模在做好饼干底后，可在模具内侧刷上一层黄油再移入冰箱冷冻，这样烤好的蛋糕更容易脱模。

饼干底制作步骤

1 奥利奥饼干分开，取出里面的夹心，仅留饼干。

2 饼干装入较厚的塑料袋，用擀面杖压碎，也可用搅拌机搅碎。

3 黄油隔水化开，加入饼干碎内。

充分混合均匀后倒入模具内。

用平的饭铲将饼干碎压平整。

压好的样子如图所示。移入冰箱冷冻，备用。

酸奶油制作步骤

200 克动物鲜奶油中加入 2 小匙浓缩柠檬汁。

充分搅拌均匀。

静置 20 分钟，即凝结成半固体状酸奶油，包上保鲜膜放入冰箱冷藏。

蛋糕制作步骤

将奶油奶酪切成小块，加入 60 克细砂糖隔水加热，化成膏状。

趁热加入酸奶，搅拌至无颗粒的浆状。分两次打入鸡蛋拌匀。

加入 100 克酸奶油拌匀。拌好的蛋糕糊如图。

取出冻好饼干底的模具，将蛋糕糊倒入模具内。

烤箱预热，放入模具，以上下火 160℃、倒数第二层（底层插水盘）烘烤 30 分钟。

30 分钟后取出水盘，转上下火 170℃烤 30 分钟。

100 克酸奶油加 10 克细砂糖混合均匀，倒在烤好的蛋糕面上。

重入烤箱，于 170℃单上火烤 5 分钟。取出冷却后再冷藏 6 小时方可脱模。用糖渍水果等进行装饰即可。

杧果冻芝士蛋糕

难度★★★
6 寸蛋糕 1 个

材料 饼干底材料：
消化饼干 90 克，黄油 35 克
蛋糕体材料：
A: 奶油奶酪 200 克，细砂糖 50 克
B: 杧果肉 200 克
C: 鱼胶粉（3+1/4）小匙，冷水 3 大匙
D: 动物鲜奶油 100 克
顶部装饰镜面胶：
鱼胶粉 1 小匙，橙汁 3 大匙

材料 蛋糕材料：

A: 黄油 25 克，低筋面粉 25 克，鲜牛奶 150 克，蛋黄 2 颗（40 克），香草精 1/4 小匙

B: 蛋白 3 颗（120 克），柠檬汁 3 滴，糖粉 35 克

C: 黄油 10 克，细砂糖适量

装饰材料：

糖粉适量，糖渍樱桃若干

制作心得

◎ 舒芙蕾在法语中的意思是膨胀鼓起。它是由含有空气的蛋白霜加热膨胀而成。因其含面粉量低，在出炉后短短几分钟内就会塌陷，所以要现烤现吃，烤好后要立即上桌。

◎ 煮面糊时要不停地搅拌锅底，以免锅底的面糊结块。

◎ 煮好的面糊要降至体温再加入蛋黄液，否则容易把蛋黄液烫熟。

特殊工具 耐高温烤杯

步骤

1 材料 C 中黄油室温软化，涂抹在烤杯内侧，撒细砂糖，将烤杯侧放转动，使之均匀粘满杯壁，倒掉多余的细砂糖。

2 材料 A 中黄油于室温下软化，用手动打蛋器搅拌松散后加入低筋面粉拌匀制成面糊。

3 将牛奶加热至 60℃，加入香草精混合，倒入面糊内，用手动打蛋器搅拌均匀。

4 拌好的稀面糊用网筛过滤到小锅内。

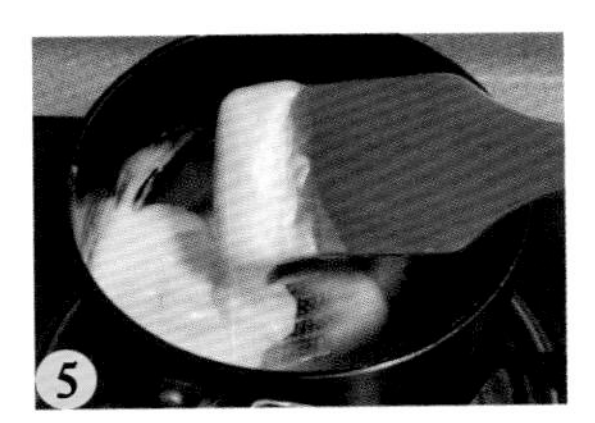

5 锅置小火上，一边煮一边用木铲搅拌，直至煮成可流动的糊状。

6 将煮好的面糊倒入盆内降至体温，加入打散的蛋黄液。

7 用手动打蛋器搅拌成可流动的糊状。

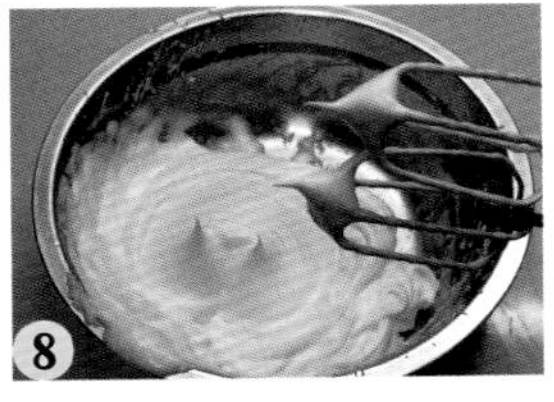

8 蛋白加柠檬汁、糖粉，用电动打蛋器搅打至九分发。

9 取 1/3 打发的蛋白霜加入面糊内拌匀。

10 再倒回剩下的 2/3 蛋白霜内拌匀，制成可流动的蛋糕面糊。

11 将做好的蛋糕面糊装入烤杯内，并将表面抹平整，放入烤盘。

12 烤箱于 200℃预热，放入烤盘，以上下火 200℃、中层烤 15 分钟。烤好后立即在表面筛上糖粉，放上糖渍樱桃即可。

椰香冻芝士蛋糕

难度★★★

6寸蛋糕1个

材料 饼干底材料：
奥利奥饼干90克，黄油35克
蛋糕材料：
奶油奶酪200克，细砂糖50克，动物鲜奶油50克，椰浆150克，吉利丁片2片，朗姆酒1/2小匙
装饰材料：
装饰用水果块若干

6寸梅花形慕斯圈

特殊工具 6寸梅花形慕斯圈（或6寸活底圆模）

步骤

1 将奥利奥饼干去除奶油内馅，掰碎，放入搅拌机搅成碎末状。

2 将黄油放入不锈钢小碗内，隔热水化成液态，加入饼干碎末中。

3 用汤匙将化成液态的黄油和饼干碎末拌匀，饼干底材料就做好了。

4 慕丝圈下面垫一张锡纸，把底部包严实。放入烤盘里，倒入饼干底材料，用汤匙压紧压平，放入冰箱冷冻20分钟。

5 吉利丁片用冰水浸泡10分钟至软，捞出。

6 把泡软的吉利丁片放在椰浆中，隔热水加热搅拌至吉利丁片化开。

7 奶油奶酪放入打蛋盆中，加入细砂糖，隔热水加热10分钟软化。

8 软化的奶油奶酪用电动打蛋器先低速再中速搅匀，依次加入动物鲜奶油、椰浆、朗姆酒，用电动打蛋器低速搅匀。

9 将做好的蛋糕糊倒入冻好饼干底的模具中。

10 将模具移入冰箱，冷藏4小时。

11 取出模具，撕开底部的锡纸，用电吹风沿模具边缘吹1分钟热风。

12 模具放在高玻璃杯上，由上向下取下慕斯圈，表面装饰水果块即可。

芝士布朗尼

难度★★★
数量约 24 块

材料 **布朗尼材料:**
黄油 125 克，70% 黑巧克力 100 克，33% 白巧克力 50 克，鸡蛋 1 颗（约 50 克），细砂糖 80 克，核桃 50 克，中筋面粉 110 克，玉米淀粉 35 克，泡打粉 1/2 小匙
芝士层材料:
奶油奶酪 250 克，细砂糖 50 克，鸡蛋 1 颗（约 50 克），动物鲜奶油 125 克
装饰材料:
黑巧克力 5 克，动物鲜奶油 5 克

特殊工具 20 厘米方形不粘烤盘

准备
1. 将黄油提前从冰箱中取出，切小块，在室温下软化至用手指可轻松压出手指印。
2. 鸡蛋从冰箱里取出，在室温下回温。
3. 在模具中垫好油纸。
4. 把核桃仁切碎，放入烤箱中以 150℃烤 10 分钟。

布朗尼制作步骤

将黑巧克力和白巧克力放入小盆内，隔 50℃温水加热，边加热边搅拌成酱状，加入软化好的黄油，搅拌成光滑、细腻的酱状。

鸡蛋磕入打蛋盆中，加入细砂糖，用电动打蛋器搅打至砂糖化开。

将打好的蛋液加入巧克力酱中，用橡皮刮刀拌匀。

将中筋面粉、玉米淀粉、泡打粉混合过筛，加入巧克力酱中，用手动打蛋器搅匀。

将做好的面糊倒入模具中，表面撒上烤好的核桃碎。

把模具放入预热好的烤箱中层，以 170℃上下火烤 10 分钟后取出备用。

芝士层制作步骤

奶油奶酪切小块，放打蛋盆中，加入细砂糖，隔热水加热 10 分钟至变软。

用电动打蛋器先低速后中速搅匀，然后依次加入鸡蛋、动物鲜奶油，每次都用电动打蛋器低速搅匀，制成芝士糊。

将芝士糊倒在烤好的布朗尼蛋糕上，用刮板刮平整。

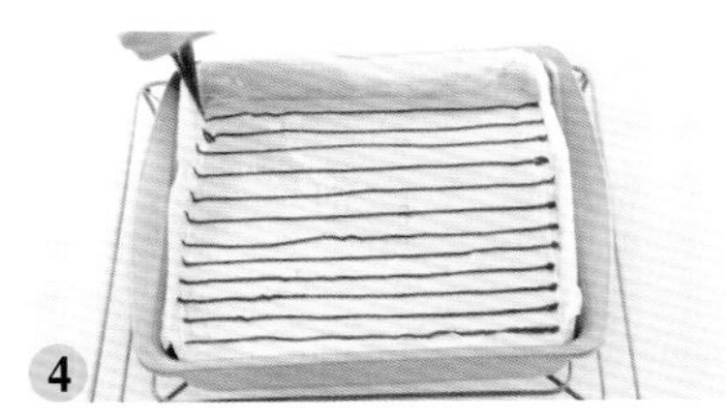

取 5 克黑巧克力和 5 克动物鲜奶油，隔 50℃温水化成酱状，装入裱花袋中，裱花袋尖端剪一个小口，在蛋糕芝士层表面横着画上线条。

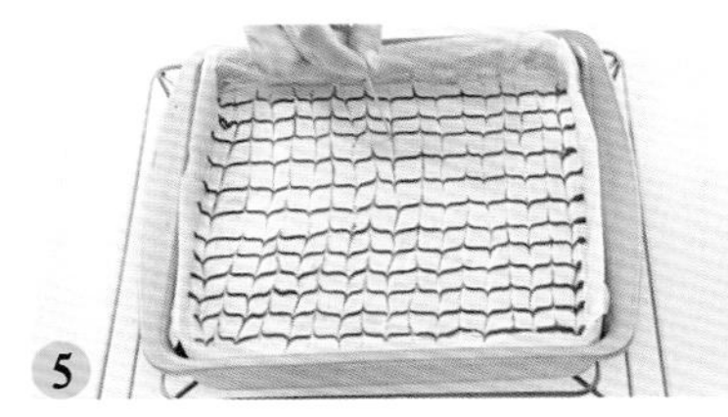

再用竹签竖着拉上花纹，要拉得均匀，保持相等的间隙。

把模具放入预热好的烤箱中层，以 160℃上下火烤 30 分钟，取出模具放凉后移入冰箱，冷藏 4 小时后取出，脱模切块。

双色冰激凌蛋糕

难度★★★

数量 1 个

材料 饼干底材料：

奥利奥饼干 100 克，黑巧克力 30 克，黄油 15 克

冰激凌材料：

香草冰激凌、巧克力冰激凌各 250 克

表面装饰材料：

玉米脆片 100 克

特殊工具 14 厘米 ×14 厘米方形慕斯框

步骤

1 黑巧克力切成小块，隔水化成酱状。黄油隔水化成液态，备用。

2 奥利奥饼干去夹心，用搅拌机搅成粉状。加入化开的黑巧克力和黄油搅拌均匀。

3 用锡纸把慕斯框底部包住，并用胶带粘紧，放入平盘中。将步骤 2 的饼干底材料倒入框内压平整。

4 剪出合适尺寸的慕斯围边，将方框中间隔开。冰激凌提前 20 分钟从冰箱取出软化（注意不能化开），然后将两种冰激凌填入框内（中间填巧克力冰激凌，两边填香草冰激凌）。

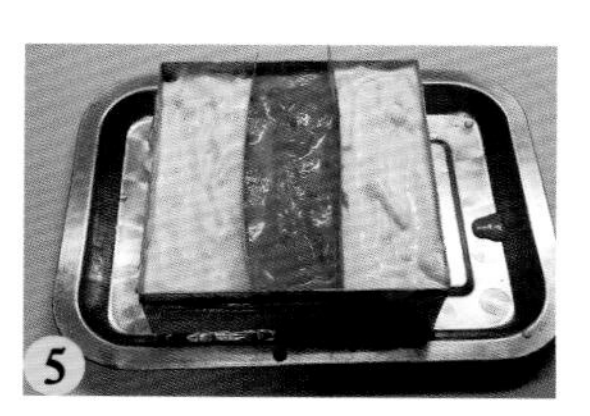

5 再提起两片间隔的慕斯片，放入冰箱冷冻 4 小时，取出放室温下片刻即可脱模。切成长方块，再在表面撒上玉米脆片即可。

制作心得

◎ 封好锡纸的慕斯框底部是非常软的。一定要在底部垫上一个平盘，再铺饼干底材料，这样方便移动。

◎ 玉米脆片搭配冰激凌是非常好吃的，所以千万不要省略玉米脆片。

刚整形好的包馅面包。

最后发酵好的面包，体积膨胀了 1.5 倍，在表面刷上薄薄的鸡蛋液。

最后烘烤出来的面包，体积又膨胀了 1.5 倍。

9. 烘烤

经过三次发酵的面包终于可以进入烤箱烘烤了，在烘烤前必须把烤箱预热至理想的温度，比如 180℃的温度要以 200℃预热 5 分钟，然后再调至 180℃烘烤，因为在打开烤箱放入面包的时候烤箱的温度会降低一些。

此外，烘烤面包的位置也有讲究：

薄片面包放置在烤箱上层。

中等大小的圆形面包放置在烤箱中层。

吐司面包放置在烤箱底层。

烘烤面包的注意事项

◎ 烘烤时间和温度要恰到好处，如果烤得过了点，水分就流失得较多，面包也老化得快。
◎ 测试面包是否烤熟：烤熟的面包会闻到浓郁的面包香味，面包的表面会有漂亮的金黄色，此时用汤匙碰面包的侧面，如果能马上回弹即表示烤好了。
◎ 刚烤好的面包，顶部表皮很硬，去压它会破皮，只要放凉一会儿就会回软了。
◎ 如果烤箱不能调节上下火，则要视情况加盖锡纸，以避免上表皮过厚、上色过深的情况出现。

面包的保存

◎ 刚出炉的面包不要马上包装，正确的做法是将面包放置于空气中，使之冷却并散发掉内部的热气后再包装。
◎ 面包放凉后马上用塑料袋包装密封起来，室温下可放置 2 天，放冰箱冷冻可以放一个月。要吃时取出回温，再用烤箱加热即可。

直接法面包

直接法：又称一次发酵法，就是将所有制作面包的材料一次制成面团，然后进行发酵制作工序。本书采用的是后盐、后油法，即盐和黄油是在面团揉到一定程度后加入。本方法制作过程简单，即使是初学者，也可以轻易完成。

直接法面团制作流程

面团材料	A：高筋面粉160克，低筋面粉40克，细砂糖20克，鸡蛋30克，清水100克，盐、酵母粉各3克 B：黄油20克

将高筋面粉、低筋面粉混合，留出一半加入盐，放小碗内。材料A中其他材料倒入大盆内混合。

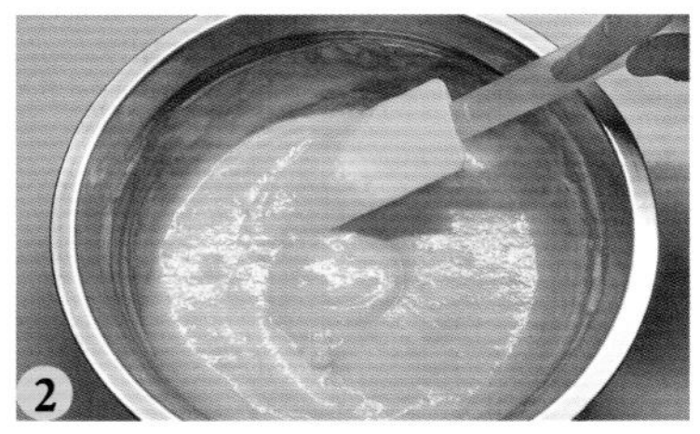

用橡皮刮刀将大盆内的材料充分搅拌约3分钟，至看到微小气泡。

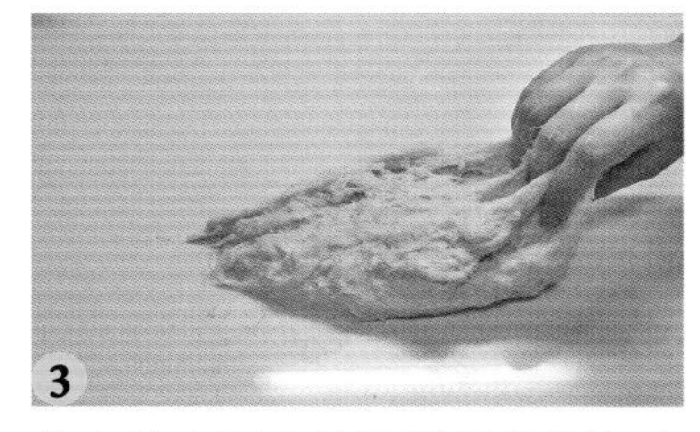

将小碗内留出的面粉及盐倒入大盆内，用橡皮刮刀混合成面团，提到案板上，单手向前方轻摔，一开始面团还未起筋性，动作要轻。

将面团折起。

左手中指在面团中央辅助，将面团转90°。

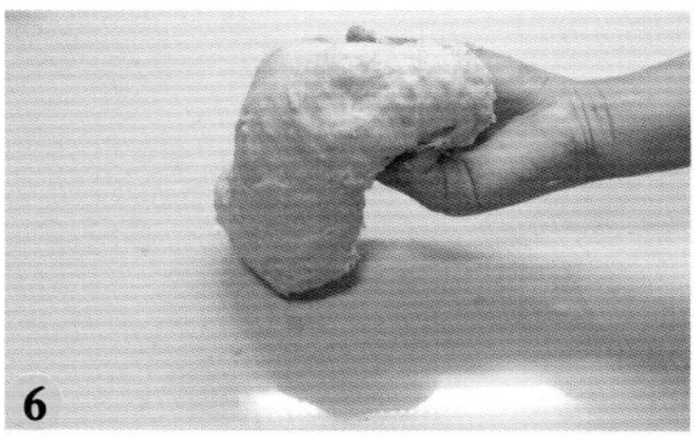

提起面团。

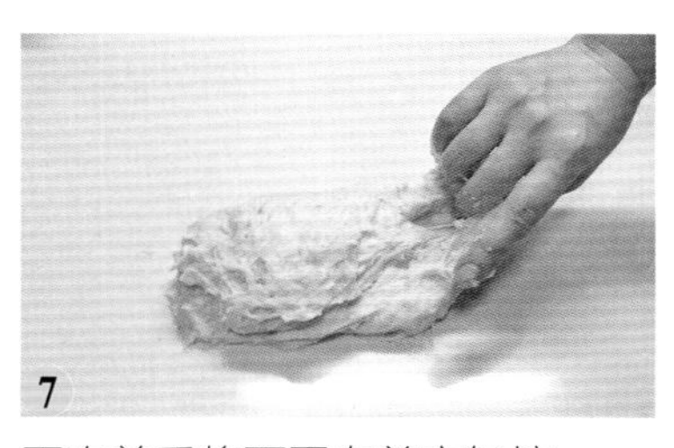
再次单手将面团向前方轻摔。

如此反复摔打，直至面团表面略光滑。

双手撑开面团，拉出稍粗糙、稍厚的膜。

重新将面团放入面盆，裹入黄油。单手反复用力按压面团，直至黄油完全被吸收。

先在盆内摔打面团，直至重新变得比较光滑，再提至案板，继续摔打，面团逐渐产生筋性，此时加大力度和速度，直至面团表面变得很光滑。

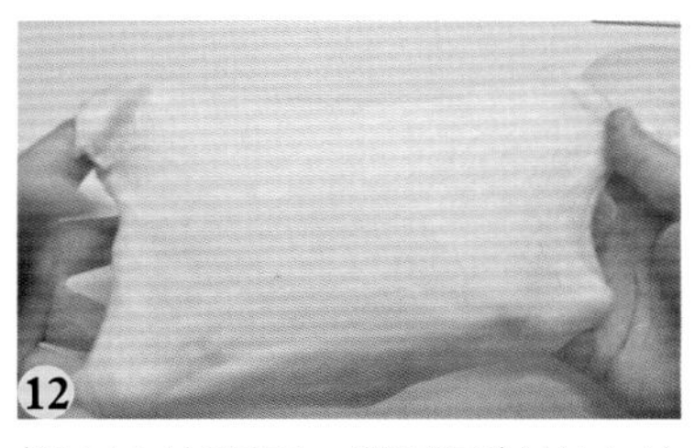
切下小块面团，撑开可拉出小片略透明、不易破裂的薄膜。此为面团扩展阶段，适合做软式面包。

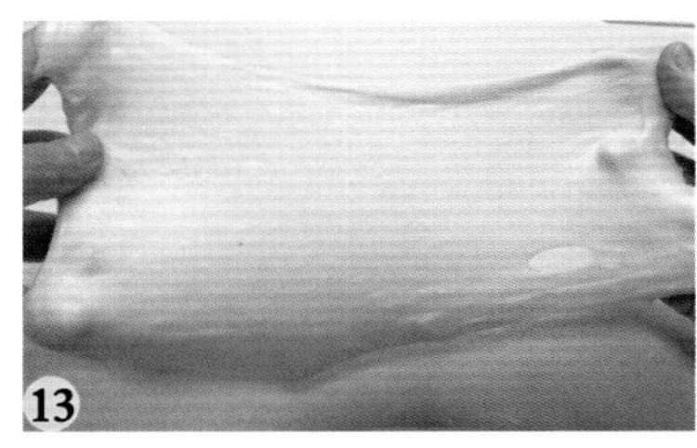
继续摔打，直至面团可拉出大片略透明、不易破裂的薄膜。此为面团完全阶段，适合做吐司面包。

取一干净的盆，盆底滴几滴色拉油抹匀。放入面团，盖保鲜膜，于30℃基础发酵约50分钟。

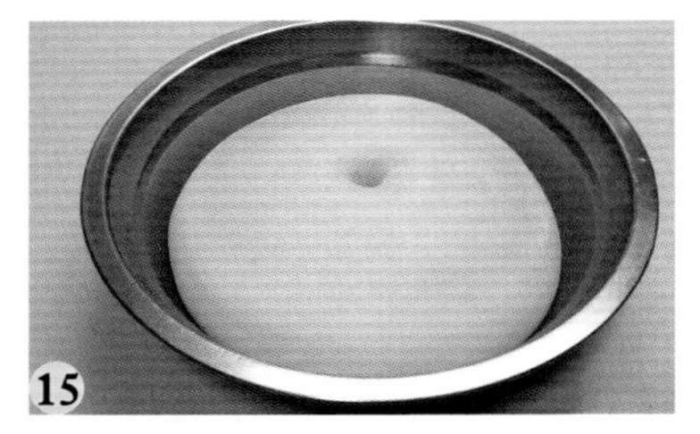
当面团发酵至原大的2 ~ 2.5倍，用手指蘸干面粉插入面团内，孔洞不立即回缩，即成基础发酵面团。

腊肠卷

难度★★
数量 6 个

材料 面团材料：

A: 高筋面粉 110 克，低筋面粉 40 克，全蛋液 20 克（留少许刷表面），糖 20 克，盐 1/4 小匙，酵母粉 1/2 小匙，牛奶 80 克

B: 黄油 15 克

内馅材料：

广式腊肠 3 根（一切两半）

准备 参照 p.138 直接法，制成基础发酵面团。

步骤

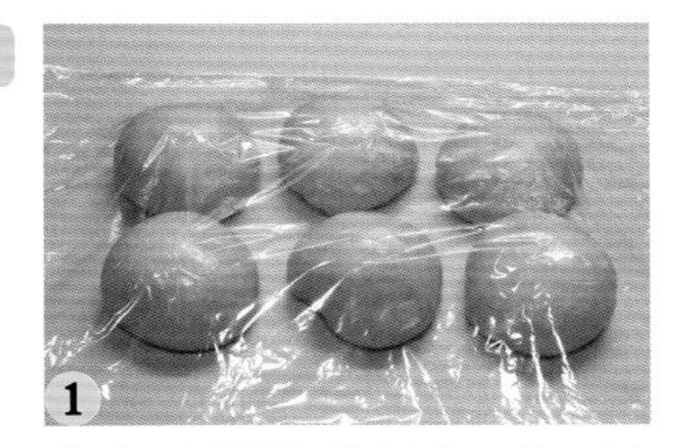

1 发酵面团平均分割成 6 份，滚圆松弛 15 分钟。

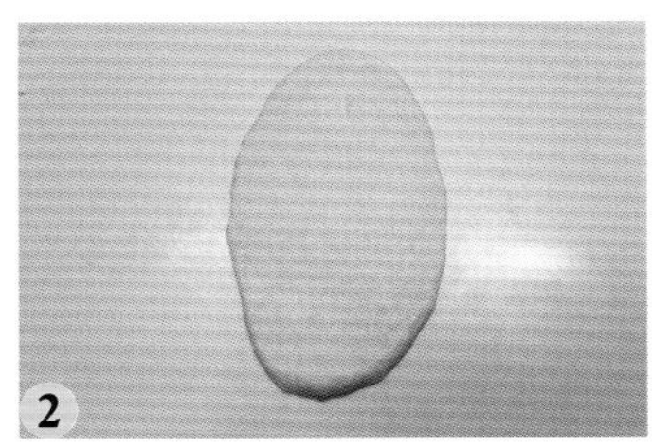

2 将面团擀成椭圆形。

3 由上往下卷成圆柱状。

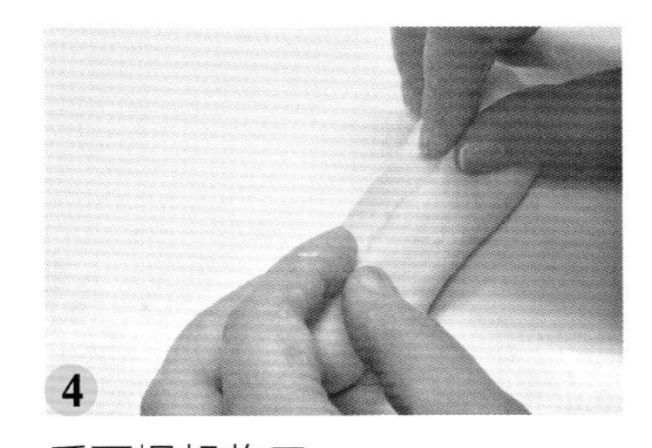

4 反面捏起收口。

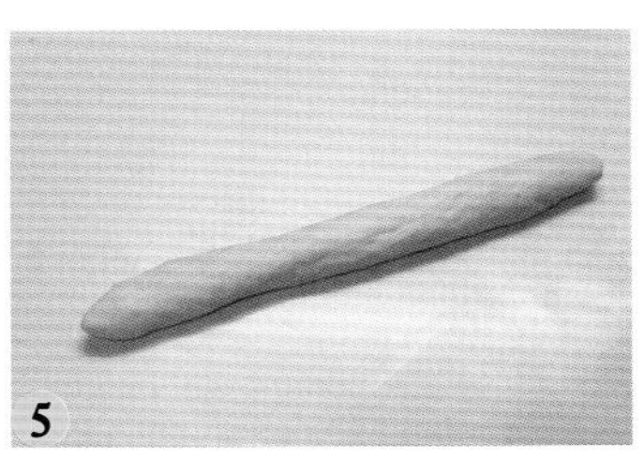

5 用手将圆柱状面团向两边搓成长条状（如果面团太紧致需要再松弛片刻，不要强行用力搓）。

6 将搓好的面团缠在腊肠上，收紧上下收口。

7 将面包生坯放置在烤盘上进行最后发酵，留足空隙。最后发酵完成后，刷上全蛋液。

8 烤盘放入烤箱中层，以上下火 180℃烤 15 ~ 20 分钟。

红豆面包

难度★★
数量 6 个

材料 面团材料：

A：高筋面粉 160 克，低筋面粉 40 克，细砂糖 20 克，全蛋液 30 克（留少许刷表面），清水 100 克，盐、酵母粉各 3 克

B：黄油 20 克

内馅材料：

红豆馅 200 克

装饰材料：

黑芝麻少许

制作心得

◎ 在包馅的时候不需要包入太多，否则会感觉过腻。

◎ 给面包刷全蛋液前，要尽量将全蛋搅打均匀，如果能将蛋液过滤一下就更好。刷蛋液时力道要轻，不然很容易将发酵好的面包压变形。

◎ 粘黑芝麻时力道也要轻，不要太用力，这样才能保持面包完好的形状。

准备 参照 p.138 直接法，制成基础发酵面团。

步骤

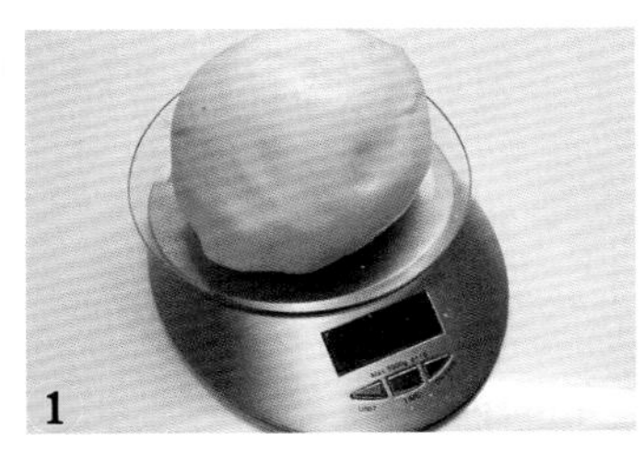
1 将基础发酵面团取出，先称出总重量。

2 将面团切割成 6 个均等的小面团。

3 将面团滚圆，盖上保鲜膜松弛 10 ~ 15 分钟。

4 将面团用手按压排气，压成圆饼形。

5 包入红豆馅，捏紧收口，用双手收拢成圆形。

6 面包生坯排放在垫有硅胶垫或油布的烤盘上，中间预留空隙，盖上保鲜膜进行最后发酵。

7 当面包发酵至 1.5 倍大时，在表面刷上薄薄的全蛋液。将擀面杖上蘸少许水，粘上黑芝麻，再轻轻按压在面包表面。

8 烤箱于 200℃预热，放入烤盘，以上下火 180℃、中层烤 18 分钟。如图为最后完成的成品。

牛奶面包

难度★★
数量6个

材料 A: 高筋面粉200克，酵母粉（1/2+1/4）小匙，砂糖30克，全蛋液30克（留少许刷表面），牛奶100克，盐1/2小匙
B: 黄油35克
C: 粗砂糖1/2大匙

准备 参照p.138直接法，制成基础发酵面团。

步骤

1 面团基础发酵完成后，均分成6份滚圆，松弛10分钟。

2 将面团擀成椭圆形。

3 由上至下用双手卷起。

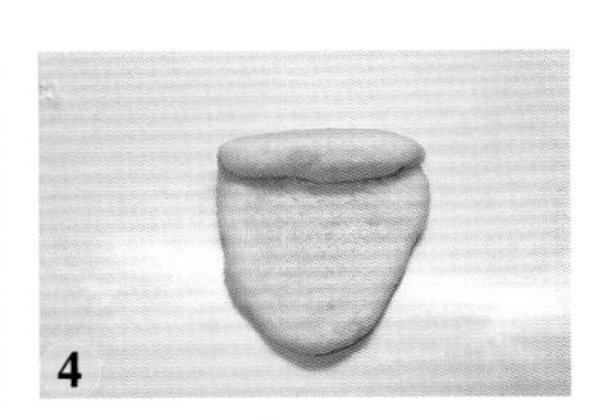
4 卷起的状态如图所示。

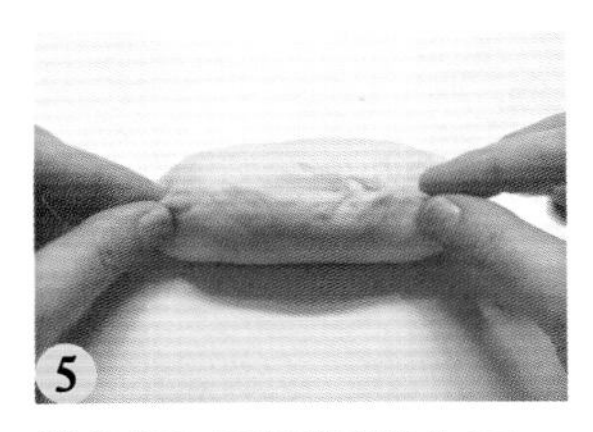
5 卷好后，反面捏紧收口。

6 再翻过来即整形完毕。

7 放入烤盘内进行最后发酵，中间预留空隙。

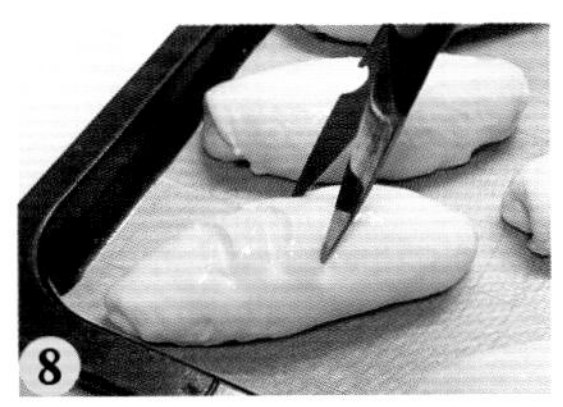
8 当发酵至2倍大时，刷上全蛋液，用剪刀剪出5道口子。

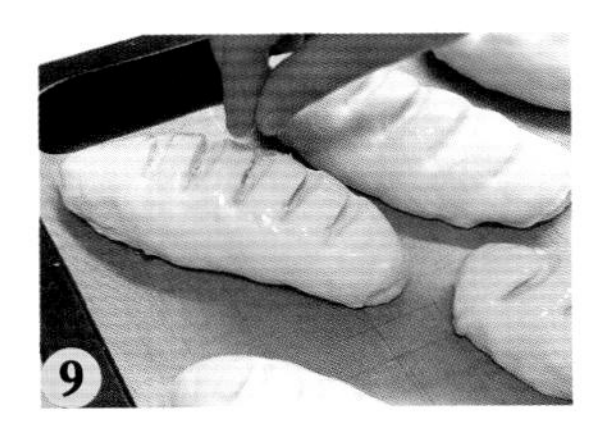
9 在刀口上撒粗砂糖。

10 烤箱于200℃预热，放入烤盘，以上下火180℃、中层烤18～20分钟。

花生果仁卷

难度★★★

数量 5 个

材料 面团材料：

A: 高筋面粉 150 克，低筋面粉 50 克，酵母粉 1/2 茶匙，细砂糖 30 克，全蛋液 30 克（留少许刷表面），牛奶 95 克，盐 1/4 小匙

B: 黄油 25 克

内馅材料：

花生酱 110 克

装饰材料：

扁桃仁片适量

特殊工具 纸模（高 3.5 厘米 × 直径 9.5 厘米）5 个

准备 参照 p.138 直接法，制成基础发酵面团。

步骤

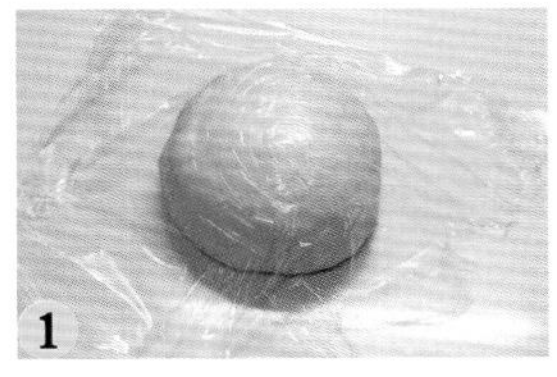

面团基础发酵完成后，整个滚圆松弛 15 分钟。

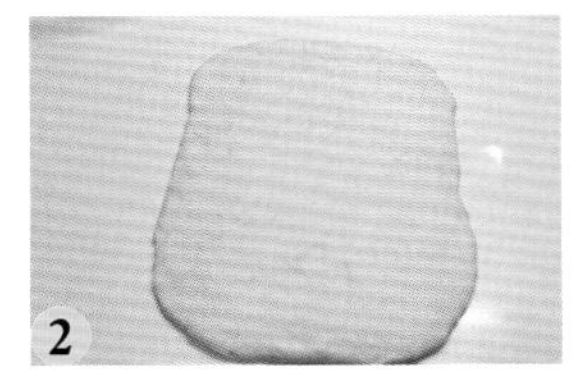

先将面团擀成长方形。

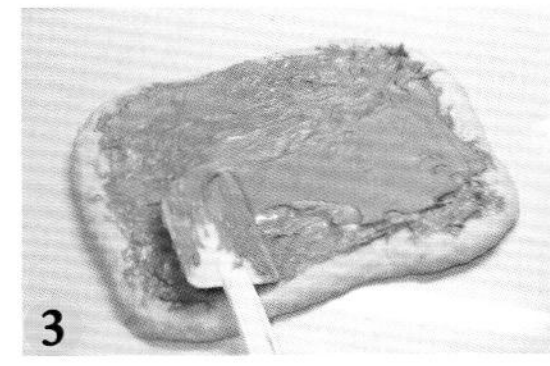

用刮刀涂抹上花生酱，刮平整。

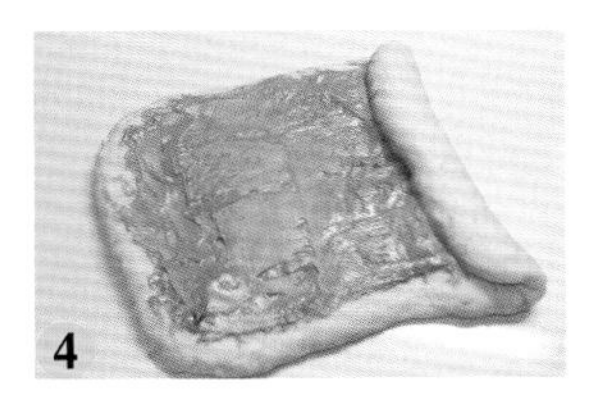

将面团由右向左卷起。

卷成筒后要将收口捏紧。

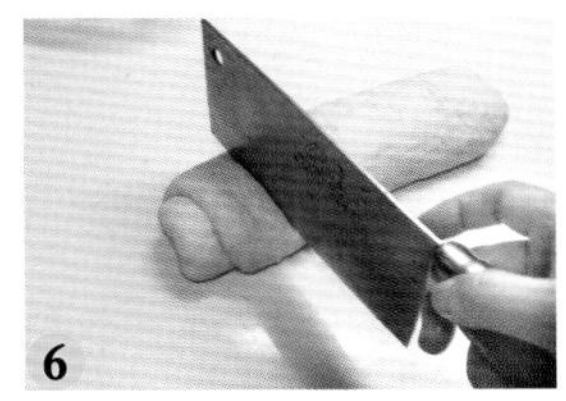

用刀将卷筒均分成 5 份，切断。

切面向上放入纸模内，进行最后发酵。

发酵完成后表面刷上薄薄的全蛋液。

面团顶部撒上扁桃仁片做装饰。

烤箱于 200 ℃ 预热，放入烤盘，以上下火 180℃、中层烤 18 ~ 20 分钟。

制作心得

◎ 卷面团时不要卷得太紧，以免烘烤时小卷的内部隆起。

葡萄干花环面包

难度★★★
数量 1 个

材料 面团材料：

A: 高筋面粉 150 克，牛奶 75 克，全蛋液 30 克（留少许刷表面），砂糖 25 克，盐 1/2 小匙，酵母粉（1/2+1/4）小匙

B: 黄油 25 克

C: 葡萄干 30 克，朗姆酒 50 毫升

装饰材料：

扁桃仁片适量

准备 葡萄干放入朗姆酒中浸泡 4 小时，沥干水。

步骤

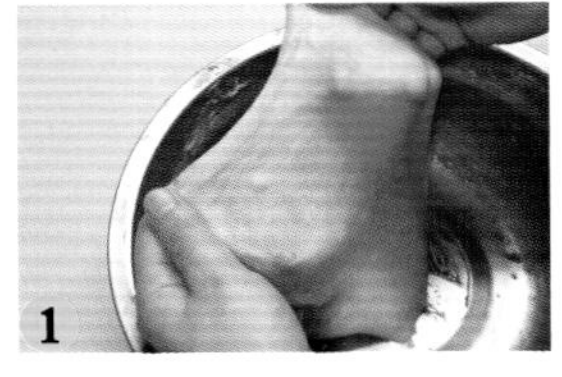

1 参照 p.138 直接法制作过程，将面团和至可拉出略透明的薄膜。

2 浸泡好的葡萄干加入面团中。

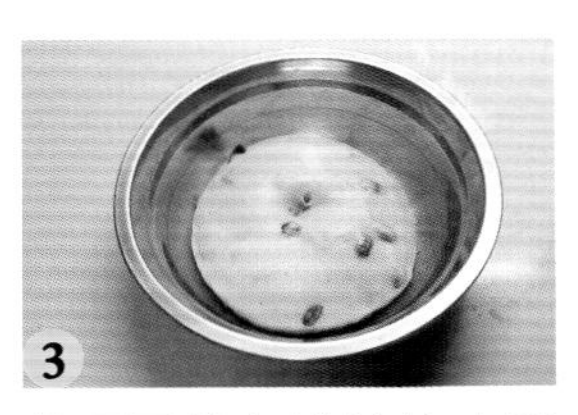

3 将面团放入涂油的容器内进行基础发酵 40 分钟至 2 倍大。

4 将面团分割成 3 等份，滚圆松弛 10 分钟。

5 用手掌将面团按扁排气，成圆饼形。

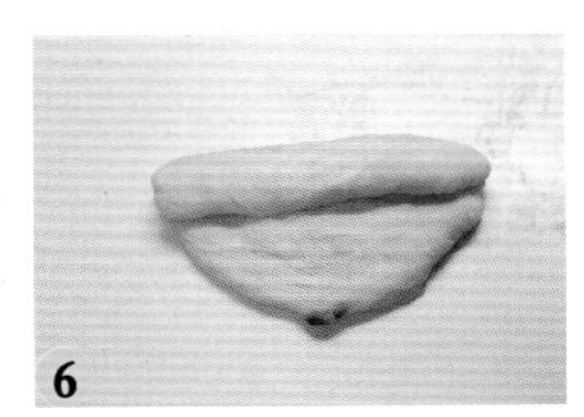

6 面团由上向下卷起。

7 捏紧收口，放置松弛 5 分钟。其他两个面团也按步骤 5 ~ 7 做好。

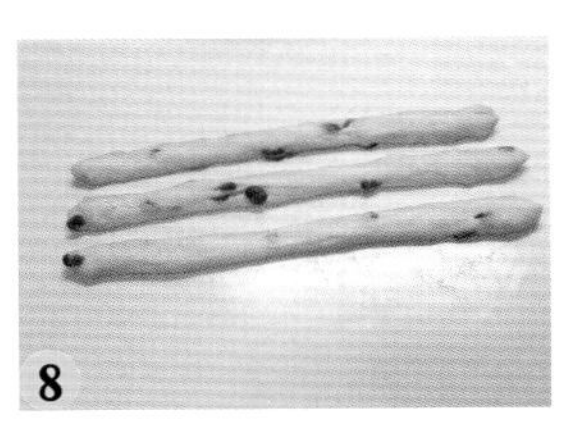

8 将面团搓成长条形。

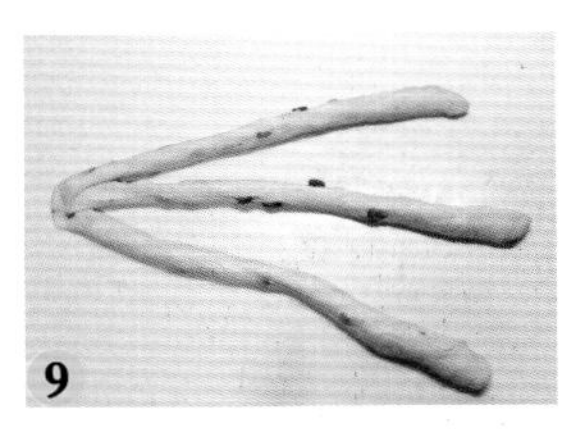

9 将三条面团的头部捏紧。

10 由上向下编成辫子。

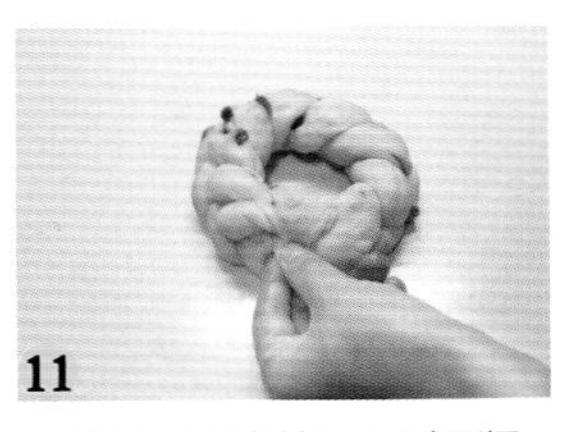

11 最后将两端的面团捏紧。

12 盖上保鲜膜进行最后发酵，然后刷全蛋液、撒扁桃仁片。烤箱于 200℃预热，放入烤盘，以上下火 180℃、中层烤 25 分钟。

甜甜圈

难度★★★

数量 6 个

材料

面团材料：

高筋面粉 110 克，低筋面粉 45 克，全蛋液 30 克，清水 56 克，盐 1/4 小匙，酵母粉（1/2+1/4）小匙，细砂糖 18 克，奶粉 1 大匙，柠檬皮屑少许，黄油 18 克

装饰材料：

肉桂糖粉（1 大匙细砂糖和 1 小匙肉桂粉混合）、黑巧克力和白巧克力（分别隔水化成黑巧克力酱和白巧克力酱）、扁桃仁片（烤香）、核桃碎（烤香）、彩珠糖各适量

其他材料：

植物油适量

特殊工具

甜甜圈印

准备

参照 p.138 直接法制作过程，和成待发酵面团。

步骤

1 将面团进行基础发酵至 2 倍大（于28 ~ 30℃发酵约40分钟）。

2 将面团滚圆，松弛约 15 分钟。

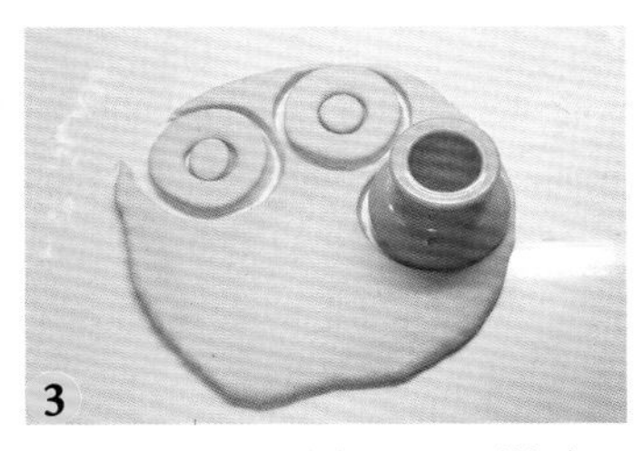

3 台面撒手粉防粘，面团擀成 4 毫米厚的圆饼形。用甜甜圈印按出圆圈形面饼。

4 将圆圈面饼放在硅胶垫子上进行最后发酵（于 28 ~ 30℃发酵约 20 分钟）。

5 锅内倒植物油烧至温热，放入甜甜圈，炸约 15 秒后甜甜圈会浮上表面。

6 油炸的时候，要常常翻面，待两面呈金黄色时即可捞出。

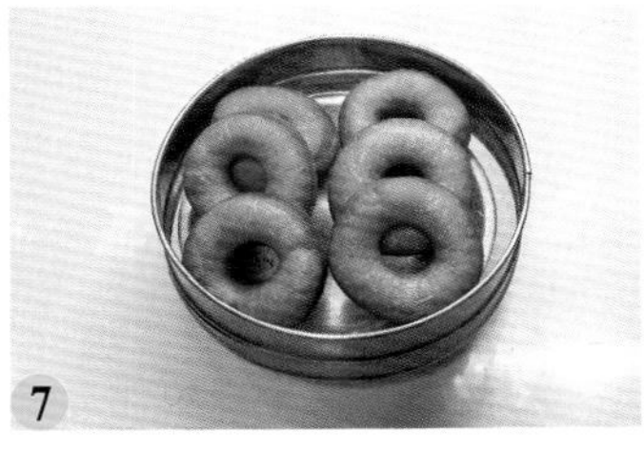

7 炸好的甜甜圈放在沥油网上沥净油。

8 将甜甜圈用肉桂糖粉、巧克力酱等各种装饰材料装饰即可。

猪肉汉堡

难度★★
数量 4 个

材料 面团材料：
高筋面粉 200 克，低筋面粉 50 克，全蛋液 30 克（留少许刷表面），牛奶 140 克，细砂糖 25 克，盐 1/4 小匙，酵母粉 1 小匙，黄油 25 克
装饰材料：
白芝麻少许
肉饼材料：
猪绞肉 250 克，盐 1/4 小匙，蚝油 1/2 大匙，砂糖 1/2 小匙，黑胡椒粉 1 小匙，玉米淀粉 3 大匙，料酒 1 大匙

其他材料：
植物油、沙拉酱、生菜、番茄片各适量，汉堡芝士片 4 片

特殊工具 汉堡模

准备 参照 p.138 直接法，做好基础发酵面团。

步骤

1 发酵面团分割成 4 份，滚圆后按扁，放入涂油的汉堡模内。

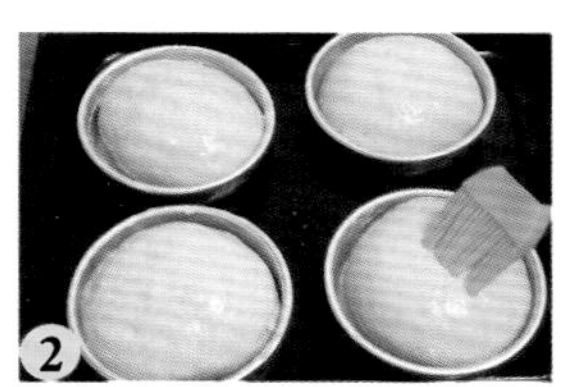
2 第二次发酵完成后，在面团表面刷上全蛋液，撒上白芝麻。

3 烤箱于 200℃预热，放入烤盘，以上下火 180℃、中层烤 20 分钟。烤好的面包取出放凉。

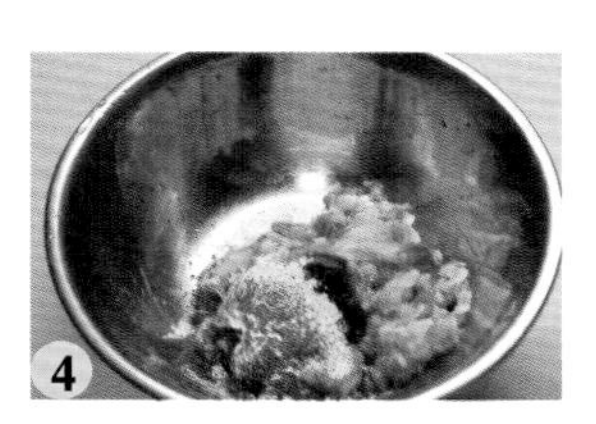
4 猪绞肉加上盐、黑胡椒粉、玉米淀粉、蚝油、料酒、砂糖混合。

5 用筷子以顺时针方向搅拌至成团、起胶。

6 用手抓起肉团，向盆内摔打至少 50 下。

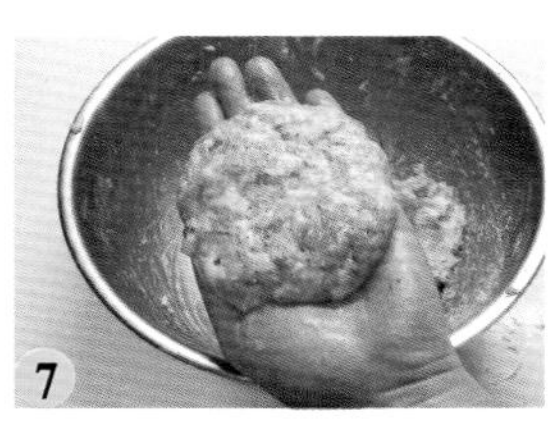
7 将肉团压成肉饼。

8 肉饼放入平底锅，放植物油，以小火慢煎至晃动锅子肉饼可以移动，方可翻面。

9 加 1 大匙水，盖上锅盖，焖至水干，再开盖煎片刻即可。

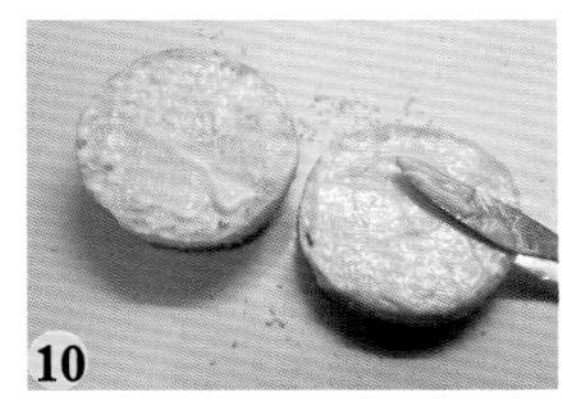
10 冷却后的面包一切两半。分别在面包切面涂抹沙拉酱。

11 放上一层生菜，依次放芝士片、番茄片和煎好的肉饼，再铺上一层生菜。

12 盖上顶部的面包即可，同样方法依次制作其余三个汉堡。

软式香蒜面包

难度★★
数量 5 个

材料 面团材料:
高筋面粉 150 克，低筋面粉 30 克，牛奶 90 克，全蛋液 20 克（留少许刷表面），砂糖 10 克，盐 1/4 小匙，酵母粉 1/2 小匙，黄油 15 克
蒜蓉奶油馅材料:
大蒜泥 15 克，黄油 40 克，细砂糖 1/2 小匙，盐 1/4 小匙，鸡精 1/4 小匙，意大利综合香料 1/2 小匙

准备 参照 p.138 直接法，做好基础发酵面团。

步骤

1 基础发酵面团分割成 5 份，滚圆松弛 15 分钟。

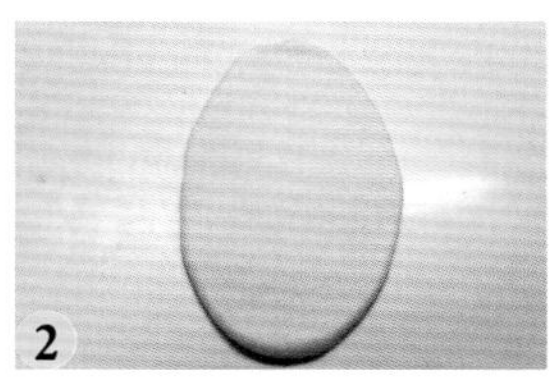
2 将面团擀成椭圆形。

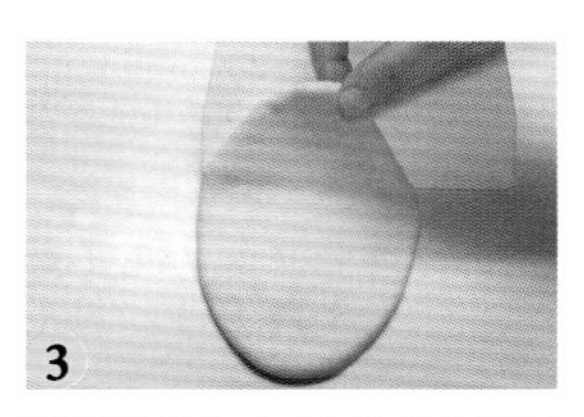
3 用刮刀小心地将面皮刮起，翻面。

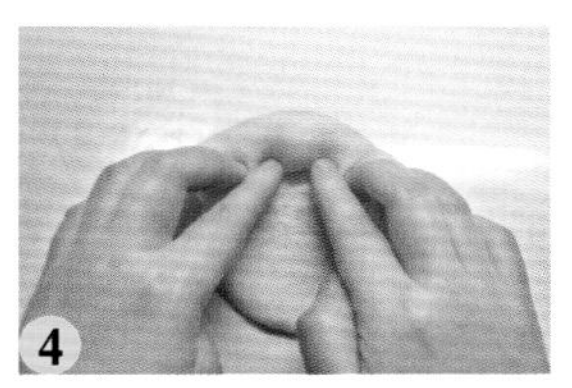
4 由上向下卷起。

5 如图为卷好的反面。

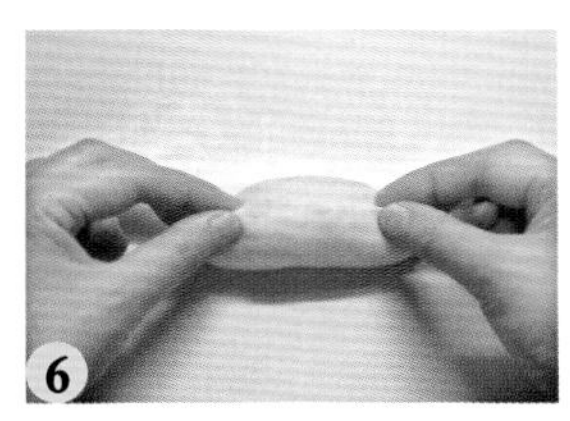
6 将反面的收口捏紧。

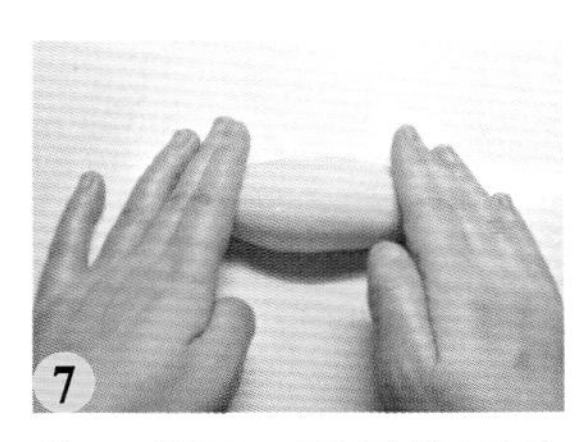
7 收口朝下，双手将两头搓尖。

8 整成橄榄形，排入烤盘内，进行最后发酵。

9 蒜蓉奶油馅中的所有材料（黄油要在室温软化）拌匀，装入裱花袋备用。

10 最后发酵完成的面团刷上全蛋液，用刀在中间浅割一道口子。

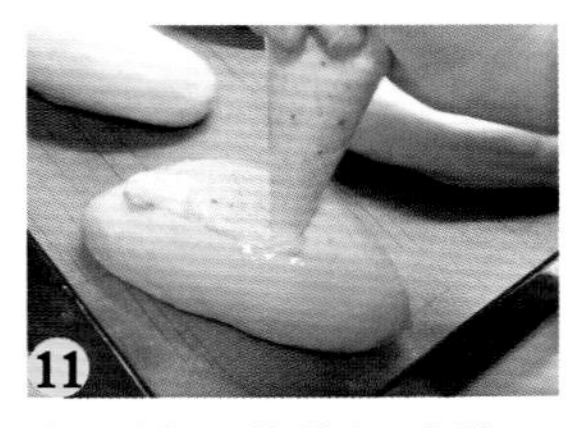
11 中间挤上蒜蓉奶油馅。

12 面包生坯放入预热好的烤箱，以上下火 180℃、中层烤 18 分钟。取出，再挤一次蒜蓉奶油馅，重新入炉烤 3 分钟。

蜂蜜小面包

难度★★
数量 16 个

材料 A: 高筋面粉 250 克，清水 90 克，酵母粉 3 克，盐 2.5 克，奶粉 7 克，全蛋液 48 克（留少许刷表面），蜂蜜 36 克，细砂糖 25 克，黄油 25 克

B: 黄油 15 克（涂烤盘用），白芝麻 20 克

特殊工具 20 厘米正方形烤盘

准备 烤盘底部涂抹一层黄油（材料 B 中）防粘。（图 a）

a

步骤

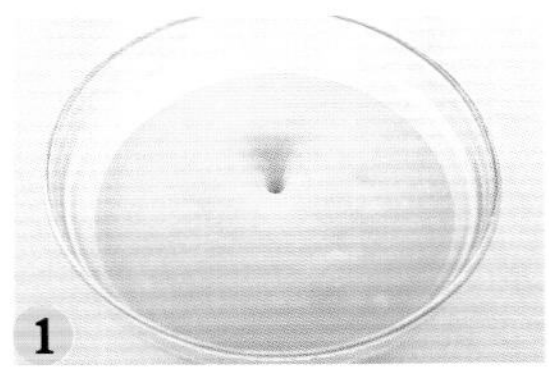
1 参照 p.138 直接法和好面团，整成圆形，放玻璃盆内，盖上保鲜膜，置于温暖处发酵至面团膨胀至原体积的 2 倍大，且用手指按个小坑不会迅速回弹即可。

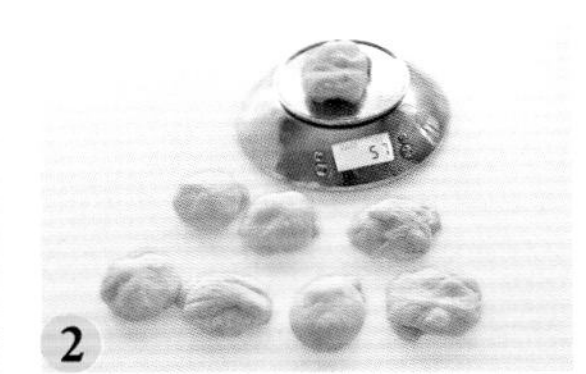
2 将面团均匀分割成 8 份（每份约 57 克）。

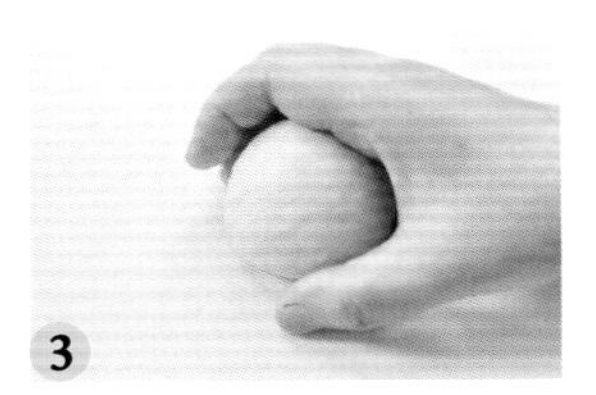
3 面剂子用手滚成圆球形，盖上保鲜膜，静置松弛 15 分钟。

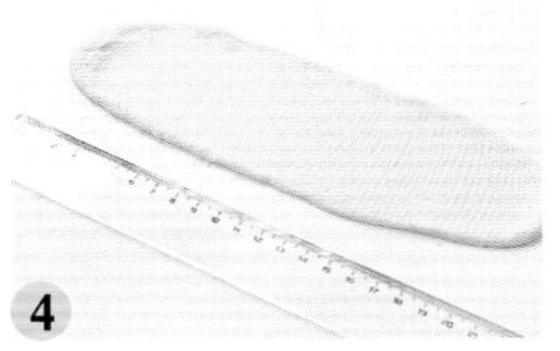
4 松弛好的圆面团用排气擀面棍擀成长约 23 厘米的椭圆形面片。

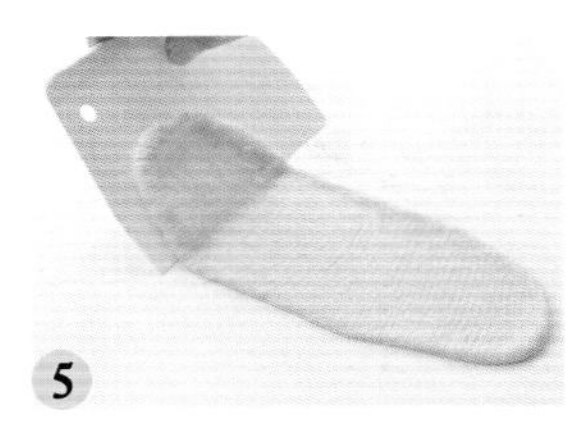
5 右手用刮板将面片铲起，左手将面片翻面。

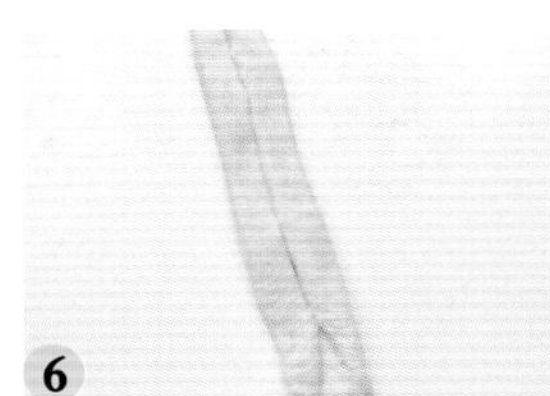
6 将面片从两侧向中间对折，中间不要留缝隙。

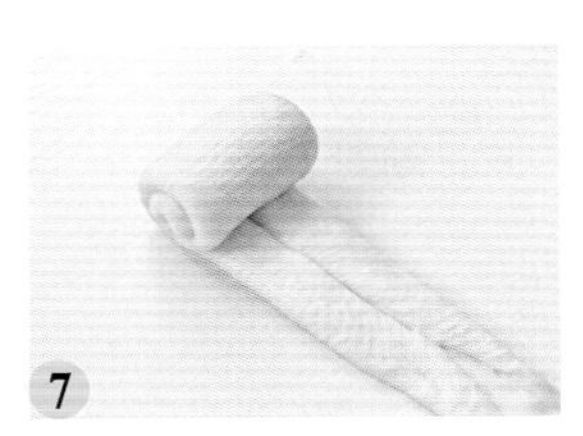
7 将面片的尾部用手指压薄，再从上向下卷起。

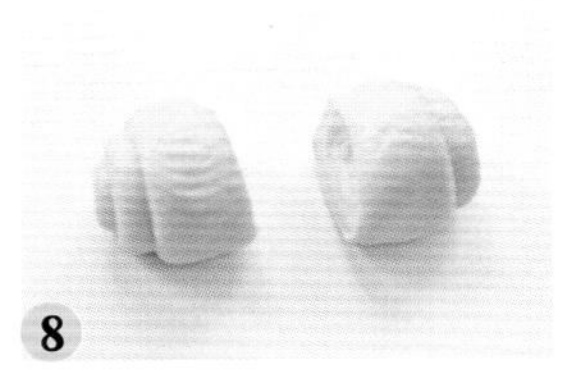
8 用刮板将面卷从中间对切开。

9 将白芝麻装入小碗中，放入面卷，使其底部均匀地粘上一层白芝麻。

10 面卷整齐排放在烤盘中，盖上保鲜膜，放温暖处进行第二次发酵。

11 当面团发酵至 1.5 倍大时，用羊毛刷在表面刷上一层全蛋液。

12 烤盘放入预热好的烤箱中下层，以 160℃上下火烤 25 分钟即可。

香葱芝士面包

难度★★
数量 4 个

材料 面团材料：
高筋面粉 160 克，低筋面粉 38 克，酵母粉 3 克，细砂糖 35 克，
盐 2 克，奶粉 7 克，全蛋液 25 克，牛奶 95 克，黄油 25 克
装饰材料：
香葱 10 克，马苏里拉芝士碎 15 克，芝士粉 5 克，沙拉酱 30 克

准备 1. 香葱只取葱绿部分，切碎。
2. 沙拉酱装进小号裱花袋中备用。

步骤

1 参照 p.138 直接法，和好达到扩展阶段的面团，置温暖处发酵至体积 2 倍大。最佳发酵温度为 28 ~ 30℃。

2 将面团分割成 12 份（每份约 30 克），分别滚圆，盖上保鲜膜松弛 15 分钟。

3 取一份面团，用排气擀面棍擀成椭圆形，用刮板翻面，横向放置，用手指将靠下一边搓薄。

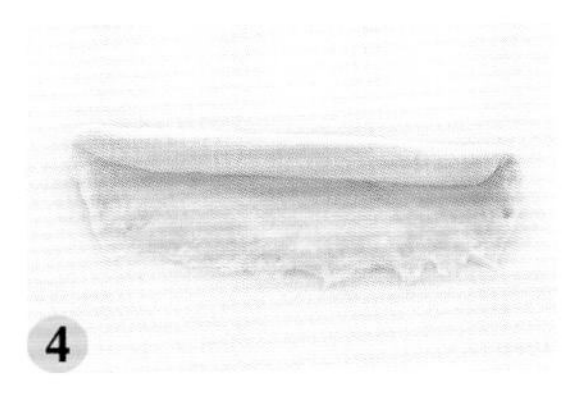

4 由上向下卷起。

5 粘起收口位置，成为圆柱状。

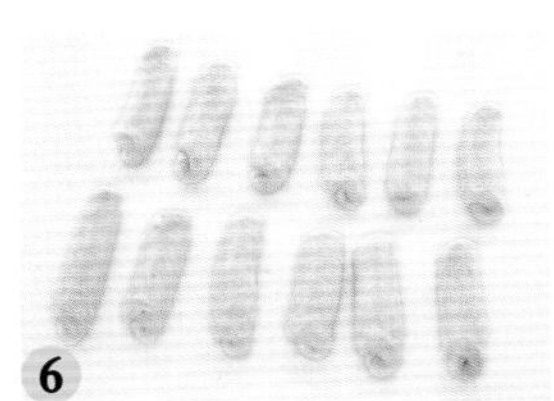

6 依次将所有的面团整成圆柱状，盖上保鲜膜松弛 15 分钟。

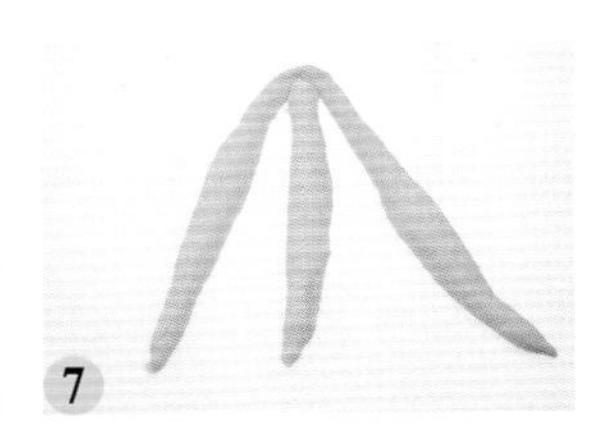

7 松弛好的面团搓成长条状，取三根，将顶部粘紧。

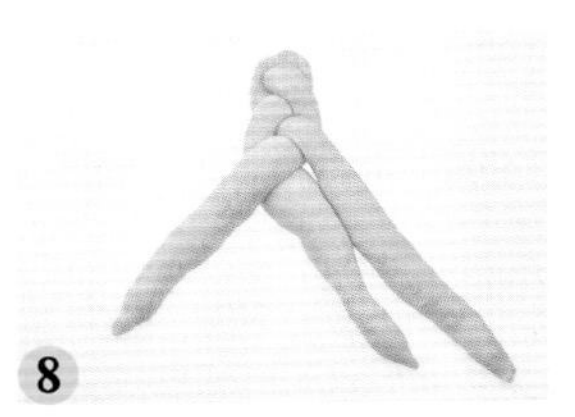

8 依照图片所示编成辫子形状。

9 最后将底部粘紧，摆放在烤盘上，互相之间留出一定的距离，盖上保鲜膜，置于温暖处进行第二次发酵。

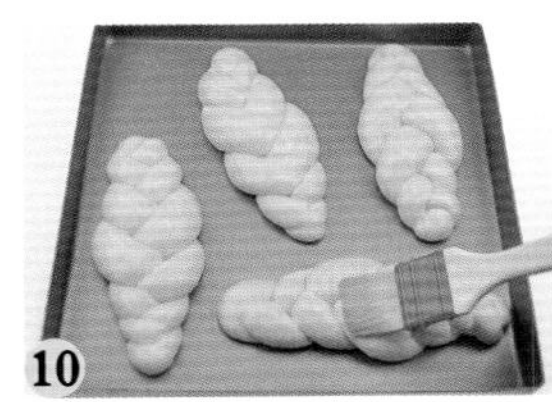

10 待面包生坯膨胀至原体积 2 倍大时，先在表面刷上全蛋液。

11 再撒上芝士粉、马苏里拉芝士碎、香葱碎，最后挤上沙拉酱。

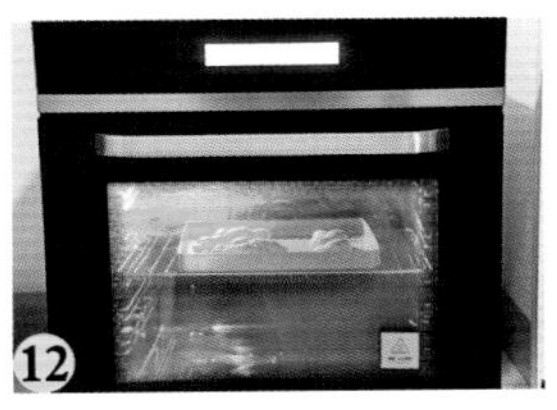

12 烤盘放入预热好的烤箱中层，以 170℃上下火烘烤 18 ~ 20 分钟即可。

黑胡椒鸡腿面包

难度★★
数量 6 个

材料 内馅材料：
鸡腿 1 只，盐 1/4 小匙，生抽 1 大匙，料酒 5 克，蘑菇 100 克，大蒜 3 瓣，色拉油 15 克
面团材料：
高筋面粉 160 克，低筋面粉 40 克，酵母粉 2.5 克，细砂糖 25 克，奶粉 7 克，牛奶 100 克，全蛋液 30 克（留少许刷表面），盐 2 克，黄油 28 克

步骤

1
用剪刀将鸡腿去骨，取下鸡肉，切成条状。蘑菇切片，大蒜切碎。

2
鸡腿肉加 1/8 小匙盐、生抽、料酒拌匀，腌制 20 分钟。

3
炒锅内加入色拉油，烧至四成热，加入蒜碎炒香，加入蘑菇，开大火煎炒至蘑菇水分收干，加 1/8 小匙盐调味，盛出备用。

4
锅洗净，重新放少许油烧热，放入腌好的鸡腿肉中火翻炒，至鸡腿变色后加入蘑菇，翻炒均匀，分成 6 份。

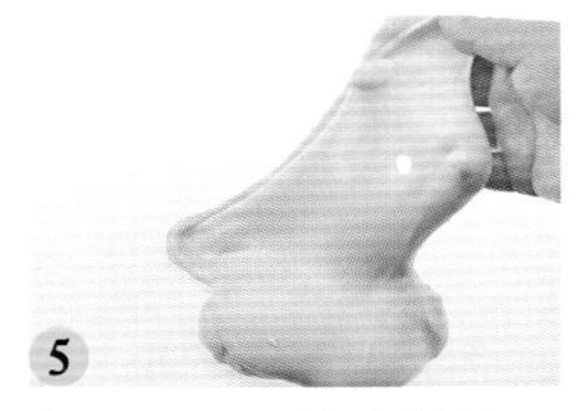
5
参照 p.138 的直接法，和好扩展阶段的面团。

6
将面团整成圆形，放入盆内，盖上保鲜膜，置于温暖处发酵，至面团膨胀为 2 倍大。

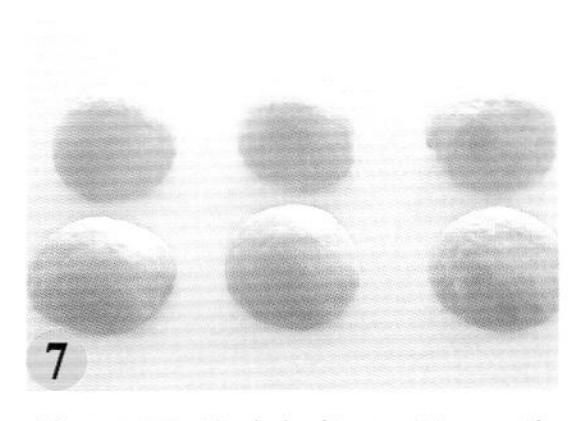
7
将面团分割成 6 份，分别滚成圆形，盖上保鲜膜松弛 15 分钟。

8
用排气擀面棍将面团擀成圆形，用刮板将面团翻面，在中间平铺上内馅。

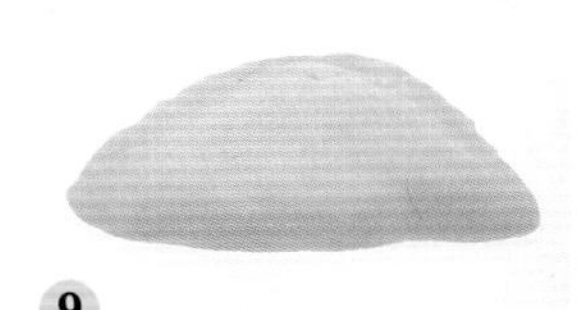
9
对折，将收口处捏紧，面包生坯就做好了。

10
将面包生坯摆放在烤盘上，互相之间保持一定的间距，盖上保鲜膜进行第二次发酵。

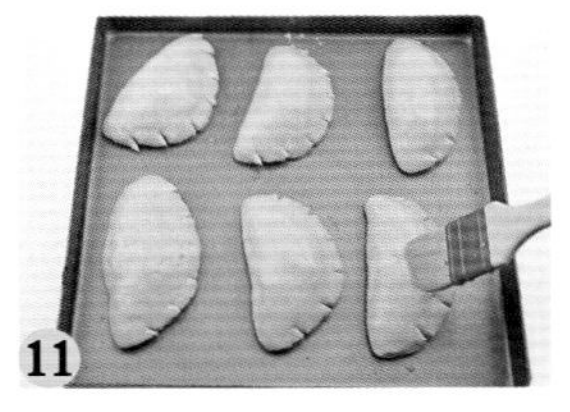
11
待面团膨胀至原体积 1.5 倍大，用剪刀在边缘处均匀剪开小口，用羊毛刷在表面刷上薄薄的全蛋液。

12
烤盘放入预热好的烤箱中层，以 180℃上下火烘烤 15 分钟即可。

豆沙花面包

难度★★

数量 6 个

材料 面团材料：

高筋面粉 160 克，低筋面粉 40 克，酵母粉 2.5 克，细砂糖 35 克，盐 2 克，奶粉 7 克，全蛋液 30 克（留少许刷表面），牛奶 100 克，黄油 25 克

内馅材料：

红豆沙 180 克

准备 将红豆沙称出每份 30 克，滚成圆球形。（图 a）

a

步骤

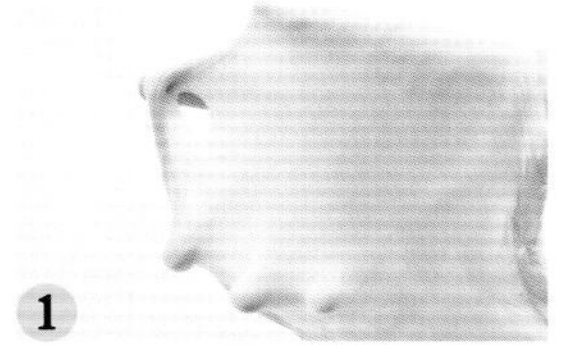

1 参照 p.138 的直接法和好达到扩展阶段的面团。

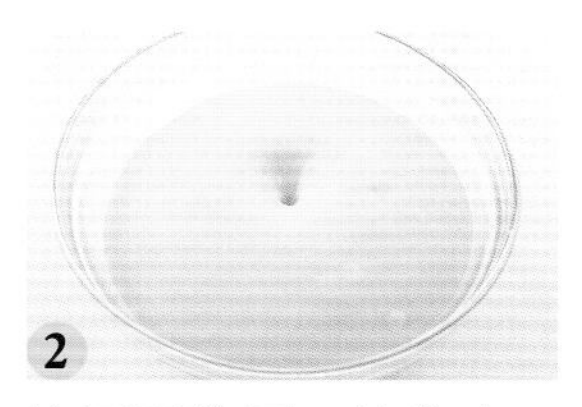

2 将面团整圆，放盆内，置温暖处（28 ~ 30℃）进行第一次发酵，发酵至体积膨胀为 2 倍大。

3 将面团平均分割成 6 个剂子，滚圆后盖上保鲜膜松弛 15 分钟。

4 用排气擀面棍把面团擀成圆饼状，中间放入红豆沙馅。

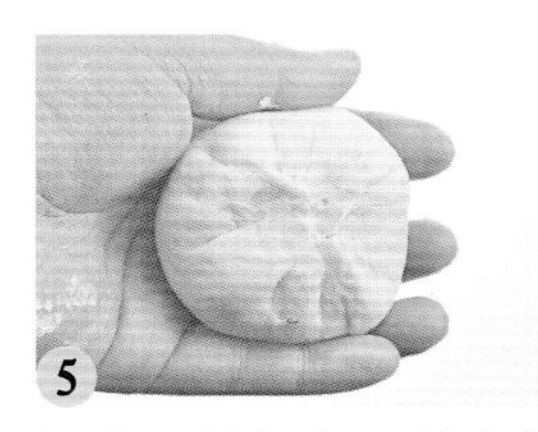

5 将收口处捏紧，盖上保鲜膜松弛 10 分钟。

6 用手按扁，用普通擀面棍擀成椭圆形。

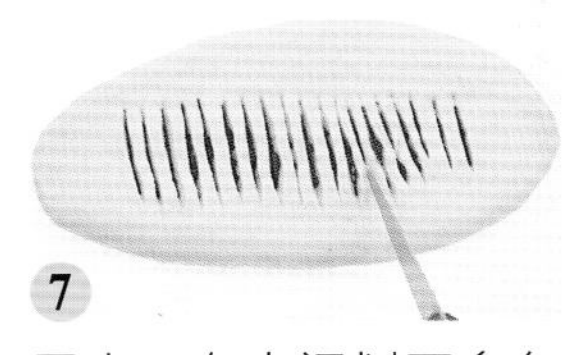

7 用小刀在中间划开多条刀口，间隔距离要相等，要能看到豆沙但又不会割穿底下的面皮。

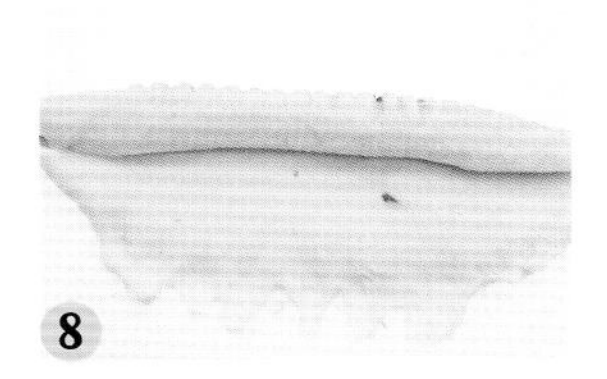

8 靠下的一边用手推薄，卷起，粘紧收口位置。

9 绕成圆环状，将收口处粘紧，面包坯就做好了。

10 将面包坯整齐排放在烤盘上，互相之间保持一定的距离，盖上保鲜膜进行第二次发酵。

11 待面团膨胀至原体积 1.5 倍大时，在表面刷上全蛋液。

12 烤盘放入预热好的烤箱中层，以 170℃上下火烘烤 18 ~ 20 分钟，至面包表面微微上色即可。

肉松面包

难度★★
数量 6 个

材料

面团材料：

A: 高筋面粉 160 克，低筋面粉 40 克，酵母粉 2.5 克，细砂糖 35 克，盐 2 克，奶粉 7 克，全蛋液 30 克（留少许刷表面），牛奶 100 克

B: 黄油 25 克

装饰材料：

沙拉酱 100 克，肉松 100 克

步骤

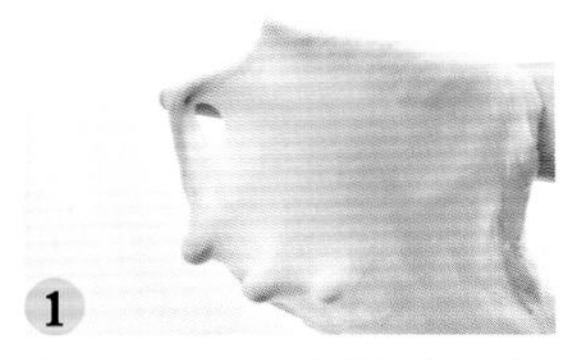

参照 p.138 直接法和好达到扩展阶段的面团。

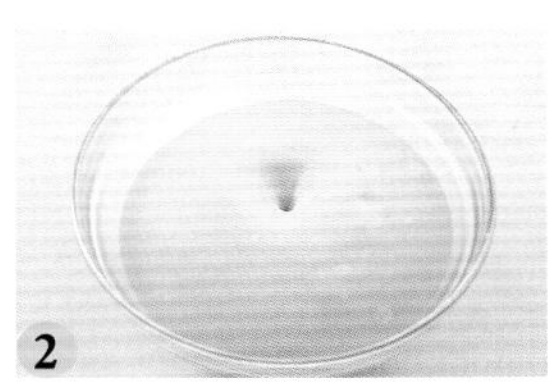

将面团整圆，放盆内，置温暖处（28 ~ 30℃）进行第一次发酵，发酵至体积膨胀为 2 倍大。

将面团平均分割成 6 个剂子，分别滚圆，盖上保鲜膜松弛 15 分钟。

取一份面团，用排气擀面棍擀成椭圆形面皮，顶部留少许不擀。

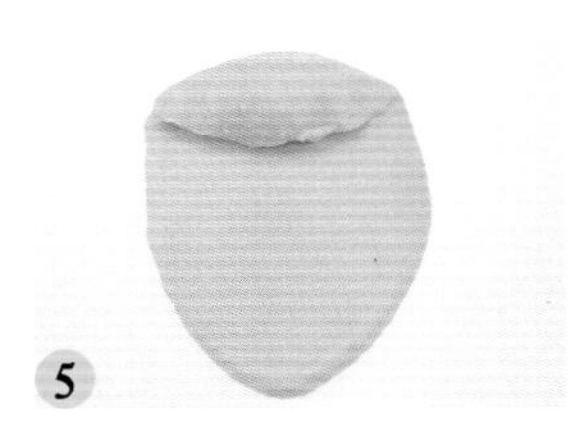

用手指将面皮靠下的一边压薄，然后从上向下卷起。

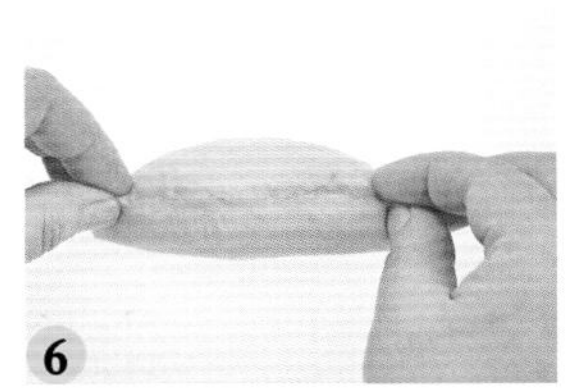

将卷好的卷翻面，双手将收口处捏紧（否则烘烤时会爆开）。

双手将面团两端搓尖，摆在烤盘上，保留一些间距，盖保鲜膜，置温暖处进行第二次发酵。

待面团发酵至原体积 2 倍大时，在表面刷上薄薄一层全蛋液。

烤盘放入预热好的烤箱中下层，以 170℃上下火烤 20 分钟。

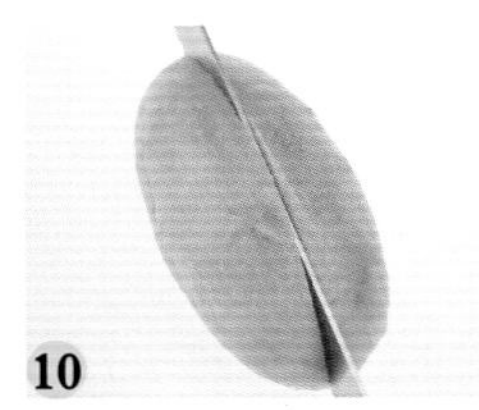

面包晾至温热，用锯齿刀从中间切开，在切口中挤入少许沙拉酱。

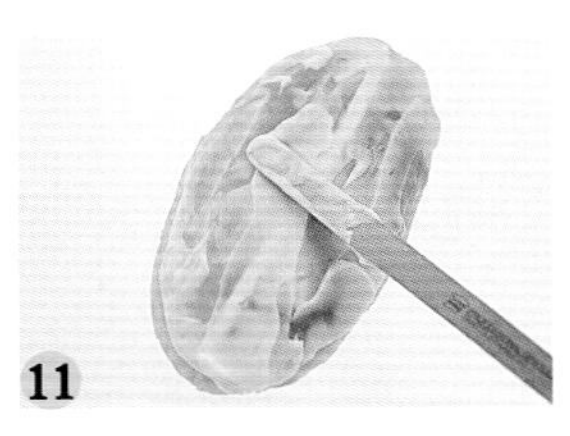

再用小抹刀在面包表面涂上沙拉酱。

取一个盘子，装入肉松，放入面包裹上一层肉松即成，同样方法依次制作其余五个肉松面包。

可爱的毛毛虫面包

难度★★
数量 4 个

材料

面团材料：
高筋面粉 150 克，低筋面粉 38 克，细砂糖 45 克，盐 2 克，酵母粉 2.5 克，奶粉 7 克，全蛋液 22 克，牛奶 95 克，黄油 20 克

装饰材料：
色拉油 15 克，黄油 15 克（室温软化），清水 29 克，高筋面粉 15 克，全蛋液 28 克（留少许刷表面）

步骤

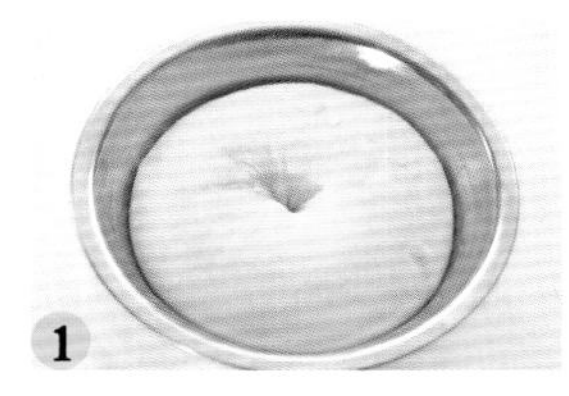

1 参照 p.138 的直接法和好面团，滚圆，放盆中，盖上保鲜膜，发酵 40 ~ 60 分钟，至面团膨胀为 2 倍大。

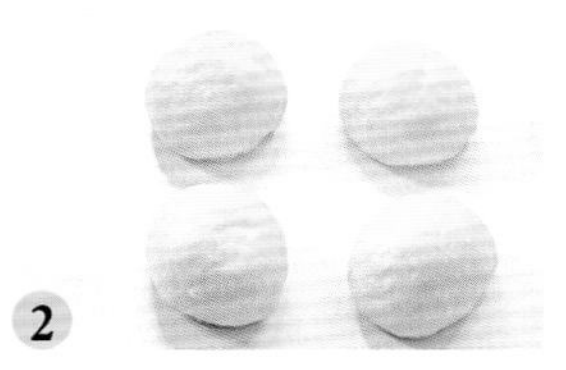

2 将面团略压扁，用切面刀均分为 4 份，收口滚圆，盖上保鲜膜静置松弛 15 分钟。

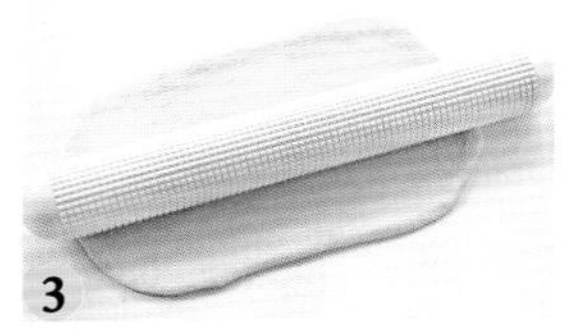

3 用排气擀面棍将面团擀成长方形，提起翻面，横向摆放。

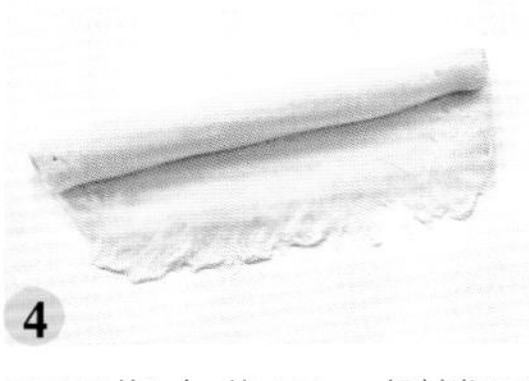

4 用手指在靠下一侧拨开一些面团，将面团由上向下卷起，捏紧收口，用双手搓成粗细均匀的长条状，成面包生坯。

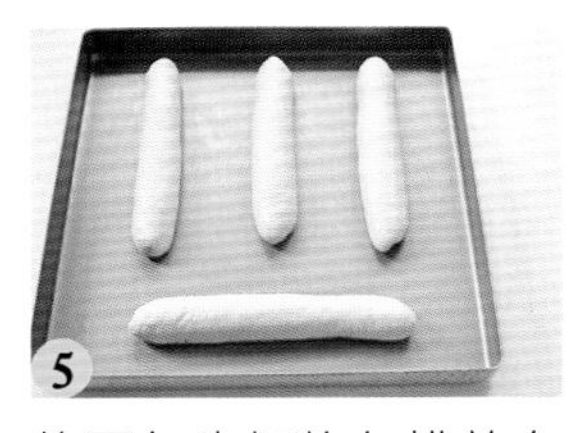

5 将面包生坯均匀排放在烤盘上，盖上保鲜膜进行第二次发酵，需时 30 分钟左右，至面团发酵至 2 倍大。

6 将装饰材料中的色拉油、清水和软化好的黄油放入盆内，用小火煮至沸腾。

7 熄火，加入高筋面粉，迅速用筷子搅拌均匀。

8 将面团放凉至约 37℃，分次加入打散的全蛋液。每次加入少许全蛋液都用手动打蛋器拌一拌。

9 如此反复将面糊搅拌成可拉起尖角的状态。

10 等面团发酵至原体积 2 倍大时，在表面刷上全蛋液。

11 裱花袋中装入圆形花嘴，将搅好的面糊装入裱花袋中，将面糊挤在发酵好并刷了全蛋液的面包生坯上。

12 烤网放入预热好的烤箱中层，烤盘放在烤网上，以 170℃ 上下火烤 20 分钟，取出，放在烤架上放凉即可。

墨西哥奶酥面包

难度★★★
数量 5 个

材料

奶酥馅材料：
黄油 50 克，糖粉 20 克，全蛋液 20 克，奶粉 60 克，玉米淀粉 3/4 大匙，盐少许

墨西哥面糊材料：
黄油 40 克，糖粉 40 克，全蛋液 35 克，低筋面粉 45 克，盐 1 小撮（少于 1/8 小匙）

面团材料：
A：高筋粉 120 克，低筋面粉、鸡蛋各 30 克，细砂糖 20 克，盐 1/4 小匙，酵母粉 1/2 小匙，清水 70 克
B：黄油 15 克

◎ 奶酥馅混合好时很稀软，如果直接用汤匙包入面皮内，面皮边缘很容易粘到馅料，不能捏合收口，这是爆馅的主要原因。因此，最好冷藏至变硬些再用，但不要冻得太硬，要有一定可塑性，能够捏成圆球。
◎ 如果奶酥馅包得太多，面皮太薄，在烘烤受热时也会从顶部爆馅。
◎ 黄油加糖粉搅拌时，不要搅拌过度，否则会使面糊中充满空气，表面有气孔，不够光滑。
◎ 挤面糊时不要贪心挤太多，否则面糊就会流到面包体下，长出一个难看的裙边。

奶酥馅制作步骤

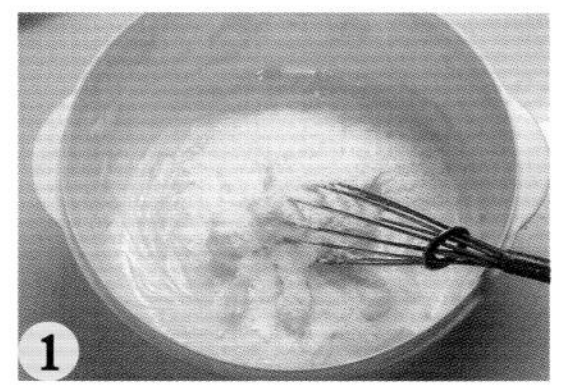
将黄油室温软化，加入糖粉、盐，搅散。

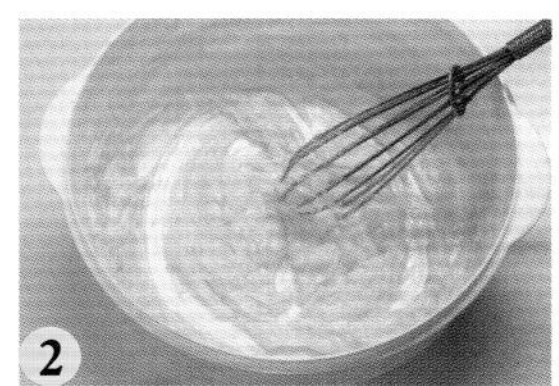
分次少量地加入全蛋液拌匀。

加入玉米淀粉和奶粉，拌匀即成奶酥馅。

将混合好的奶酥馅均分成 5 份，移入冰箱冷藏至有些变硬。手垫保鲜膜将奶酥馅捏成圆球状，再放入冰箱冷藏备用。

墨西哥面糊制作步骤

将室温下软化好的黄油加入过筛的糖粉、盐搅散。分次少量地加入全蛋液拌匀。

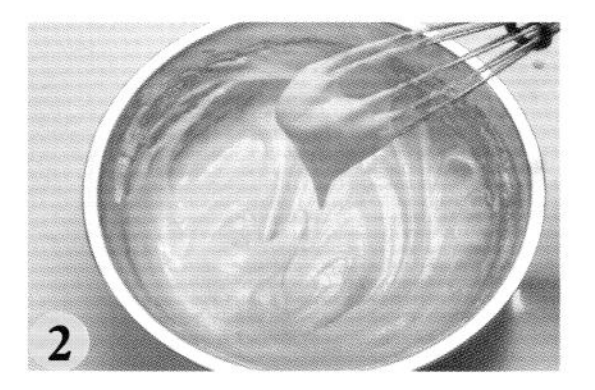
再加入过筛的低筋面粉搅匀即可，不要过度搅拌。面糊装入裱花袋备用。

制作心得

◎ 糖粉和低筋面粉在使用前要过筛，以免结块，否则做出来的面糊不光滑。

◎ 墨西哥面糊和饼干的性质有些相似，刚烤好时表皮还不够脆，放至温热时就脆了。

面包制作步骤

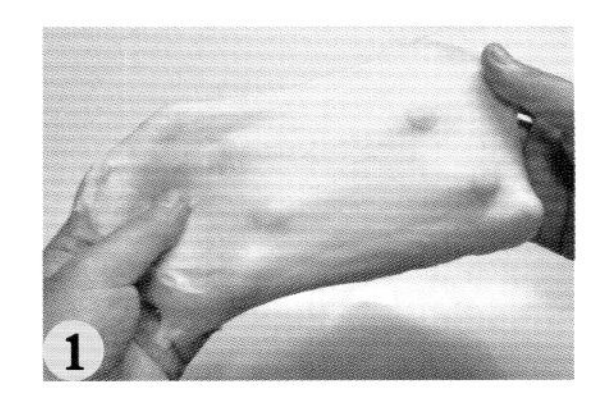
材料 A 混合，摔打揉至可拉出略厚的膜。加材料 B，揉至可拉出略透明的薄膜。

将面团盖上保鲜膜，进行基础发酵，发酵至 2 倍大。

将发酵完成的面团分割成 5 份（每份约 55 克），滚圆，盖上保鲜膜松弛 10 分钟。

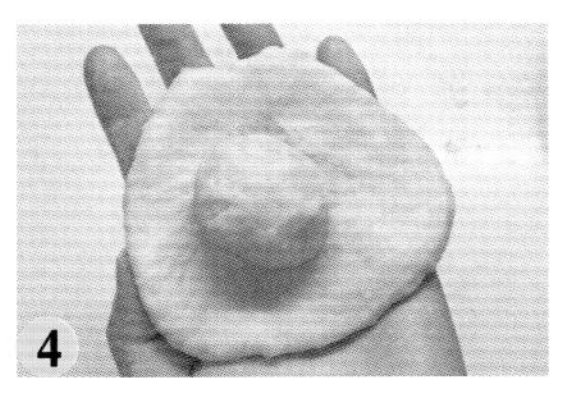
将面团擀成圆饼形，用手按压排气，包入奶酥内馅。

捏紧收口。

面包生坯放入烤盘，进行最后发酵至 1.5 倍大。

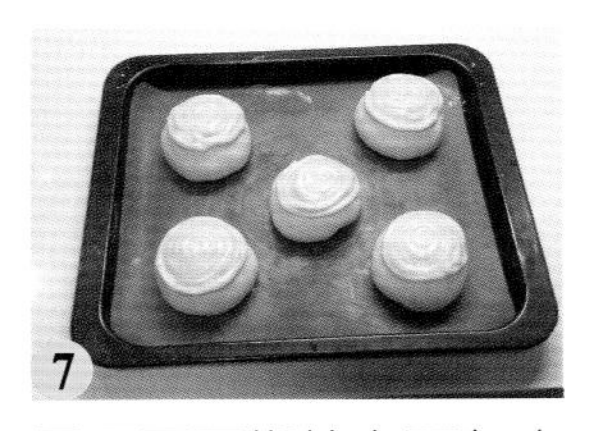
墨西哥面糊挤在面包表面，约占 1/2 面积。

烤盘放入烤箱中，以上下火 180℃、中层烤 18 分钟。

卡仕达辫子面包

难度★★★
数量2个

材料 汤种材料：
高筋面粉15克，清水65克
面团材料：
高筋面粉100克，中筋面粉50克，细砂糖20克，奶粉1大匙，盐1/8小匙，酵母粉1/2小匙，牛奶30克，全蛋液50克（留少许刷表面），黄油15克
卡仕达酱材料（做法参照p.192）：
蛋黄1颗，牛奶65克，细砂糖15克，低筋面粉15克
装饰材料：
扁桃仁片少许

制作心得
◎ 要待面团松弛完全再开始搓成长条，否则容易断裂，通常我会先卷起所有面团，再从第一个卷开始搓。搓的过程中若觉得面团缺少延展性，就再放置松弛一会儿。

准备 参照p.173汤种法，制成基础发酵面团。

步骤

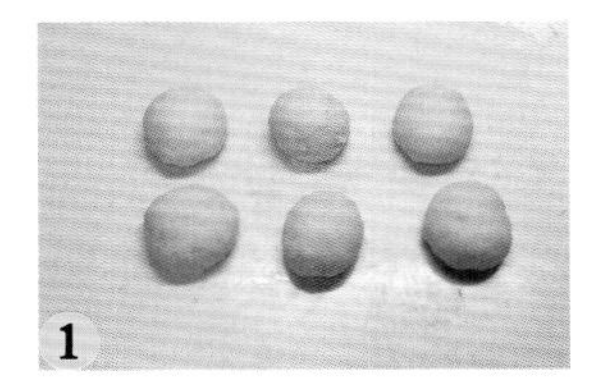
1 将基础发酵面团分割成6份，滚圆松弛15分钟。

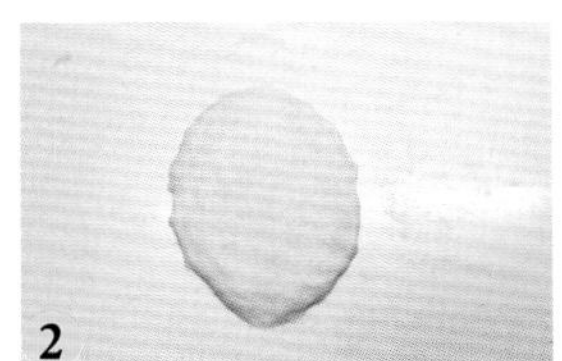
2 将面团擀成椭圆形。

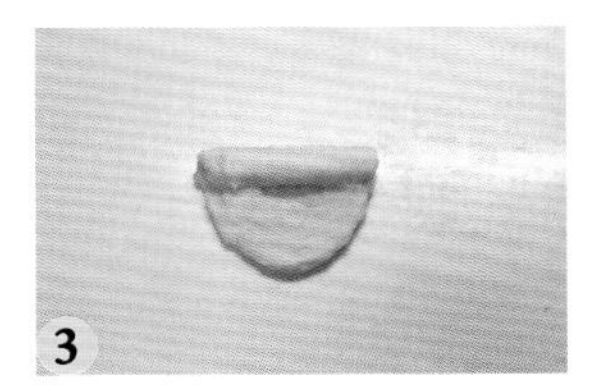
3 面团由上向下卷起。

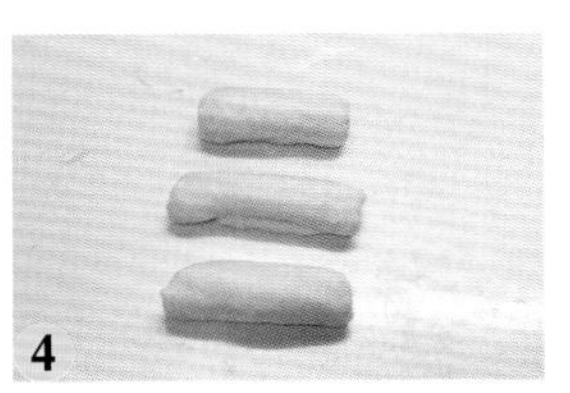
4 把所有面团卷起，盖上保鲜膜松弛5分钟。

5 从第一个面团开始，用双手搓成两头略尖、中间粗的长条状。

6 将三根面团顶端粘紧。

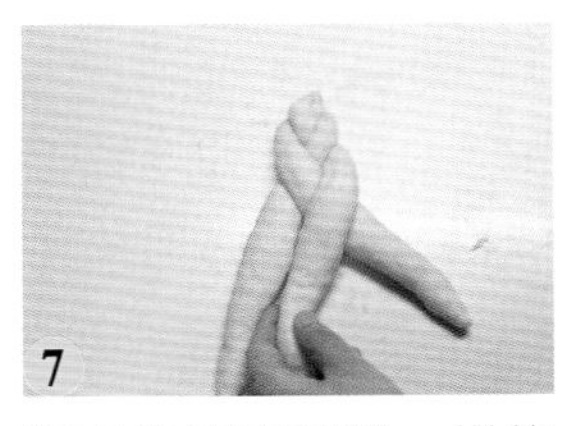
7 如图像编麻花辫一样将面团编好。

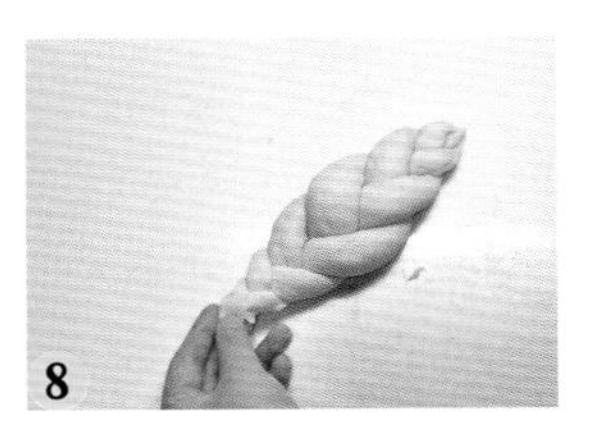
8 将尾部粘紧。

9 放在烤盘上，盖上保鲜膜进行最后发酵。

10 发酵完成后，表面刷上全蛋液，挤上卡仕达酱，并撒上扁桃仁片。

11 烤箱于200℃预热，放入烤盘，以上下火180℃、中层烤15分钟。

12 烤好的成品如上图所示。

肉松面包卷

难度★★
数量 4 个

材料 汤种材料：
高筋面粉 25 克，清水 100 克
面团材料：
A: 高筋面粉 150 克，低筋面粉 75 克，汤种 95 克，酵母粉 1 小匙，奶粉 2 大匙，盐 1/4 小匙，细砂糖 25 克，全蛋液 50 克（留少许刷表面），清水 50 克
B: 黄油 35 克
表面装饰材料：
肉松约 250 克，白芝麻、葱花、沙拉酱各适量

特殊工具 29 厘米 ×25 厘米长方形烤盘

准备 参照 p.173 汤种法，制成基础发酵面团。

制作心得

◎ 这款面包烤制温度不能太高，烘烤时间不宜超过 20 分钟。

◎ 面包表皮若离上火太近，会被烘烤得太干。表皮刚烤好时比较干硬，要用油纸盖住表面约 5 分钟，放置待回软时再卷。

步骤

1 面团发酵完成，直接滚圆，盖上保鲜膜松弛 20 分钟。

2 用手按压排气。

3 擀制成烤盘大小的长方形，铺在垫油纸的烤盘上进行最后发酵。

4 至面团发酵至 2 倍大，手指按下不会马上回弹即可，刷上全蛋液。

5 用竹签插上一些小洞帮助排气，以防烤时面团凸起。

6 撒上葱花及白芝麻。

7 烤箱于 170 ℃预热，放入烤盘，以上下火 170℃、中层烤 18 分钟。

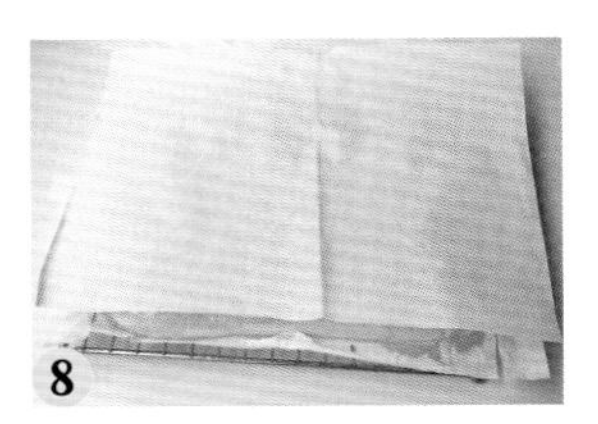

8 烤好的面包连油纸一起取出，表面再盖上一张油纸，放至温热。

9 面包反面的油纸撕掉，浅浅地割上一道道刀口，不要割断。

10 涂上一层沙拉酱，再撒上适量肉松。借助擀面杖将面包卷起。

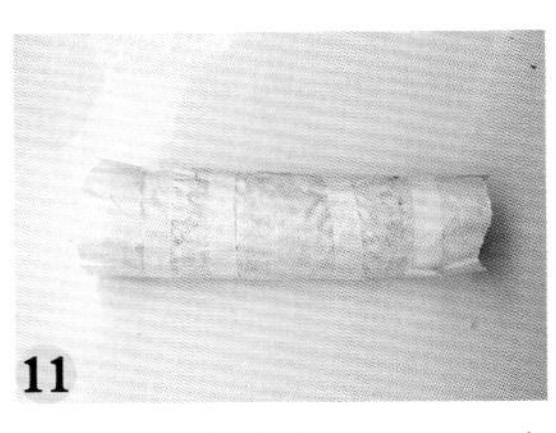

11 不要松开油纸，再用胶带纸缠起来，放置约 10 分钟让其定形。

12 拆开油纸，切去两端，分切成 4 段，头尾涂沙拉酱、蘸肉松即可。

巧克力岩浆餐包

难度★★
数量 10 个

材料 汤种材料：
高筋面粉 15 克，清水 60 克
面团材料：
高筋面粉 210 克，低筋面粉 50 克，汤种 40 克，酵母粉 3 克，细砂糖 40 克，盐 3 克，奶粉 12 克，全蛋液 30 克（留少许刷表面），牛奶 110 克，黄油 30 克
内馅材料：
33% 牛奶巧克力 60 克，70% 黑巧克力 60 克，动物鲜奶油 120 克，黄油 15 克

内馅制作步骤

将巧克力放小盆中，加入动物鲜奶油，隔 50℃温水加热。

边加热边搅拌，直至巧克力化成光滑细腻的酱状，离火，趁热加入黄油，拌至化开即可。

正确做法：做好的巧克力酱应是光滑细腻的。

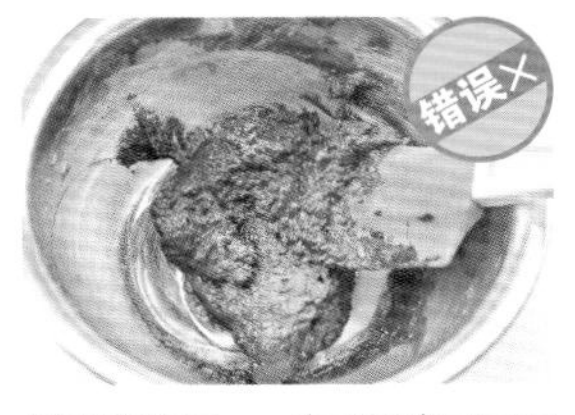

错误做法：在温度不适宜的情况下化开巧克力，就会出现油水分离的现象。

面包制作步骤

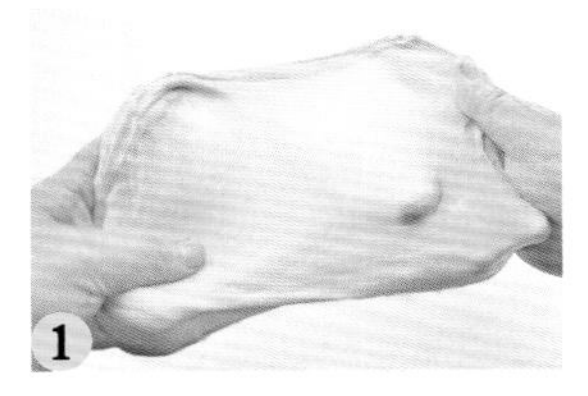

参照 p.173 汤种法，先煮好汤种放凉，再将除黄油外所有材料混合，揉至可拉出较厚的膜，再加入黄油揉至完全扩展阶段。

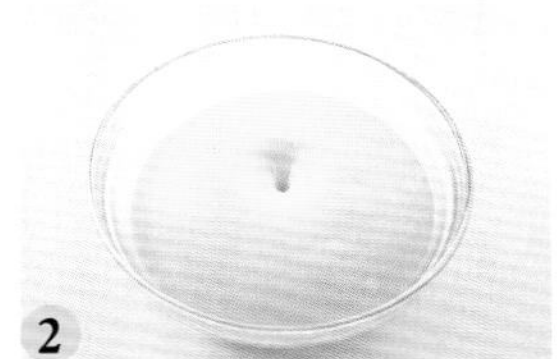

面团放盆中，盖上保鲜膜，置于温暖处（30℃左右）发酵约 1 小时，至面团膨胀为 2 倍大，用食指蘸少许干面粉，插入面团中，小洞不立即回缩表示发酵好了。

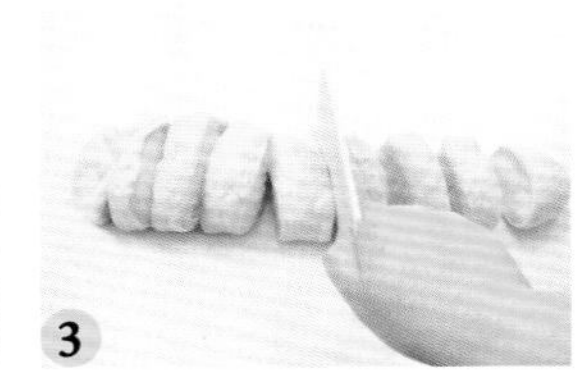

把面团取出，整成长条形，切割成 10 份。

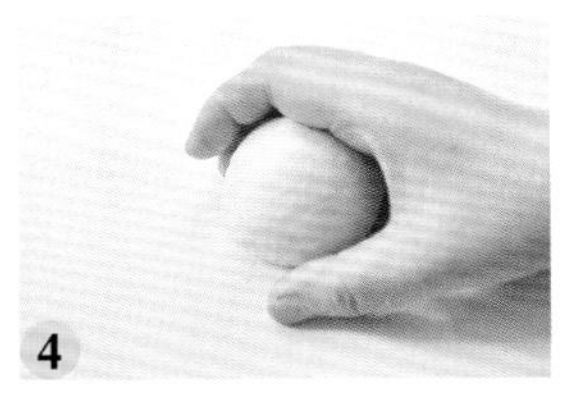

用手将面团滚圆，盖保鲜膜，静置松弛 10 ~ 15 分钟。筋性越强的面粉所需松弛时间越长。

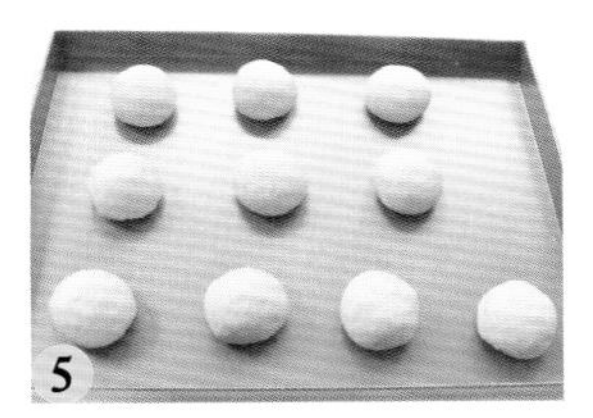

将松弛好的面团再次滚圆，排放在烤盘上，互相之间要保持较大的距离，盖上保鲜膜，进行第二次发酵。

待面团发酵至 2 倍大时，在表面刷上薄薄一层全蛋液。

烤盘放入预热好的烤箱中下层，以上下火 170℃烤 20 分钟。

用筷子在烤好的面包上插一个洞。将巧克力酱灌入裱花袋中，通过面包上扎出的孔挤入面包中。不要挤太多，不然面包会裂开的。

奶油爆浆餐包

难度★★
数量 10 个

材料 汤种材料：
高筋面粉 15 克，清水 60 克
面团材料：
高筋面粉 210 克，低筋面粉 50 克，汤种 40 克，酵母粉 3 克，细砂糖 40 克，盐 3 克，奶粉 12 克，全蛋液 30 克，牛奶 110 克，黄油 30 克
内馅材料：
黄油 150 克，炼乳 100 克，牛奶 150 克，香草精 2 滴，玉米淀粉 5 克，清水 10 克

准备 将黄油提前从冰箱中取出，置于室温下软化至用手指可轻松压出手印。

内馅制作步骤

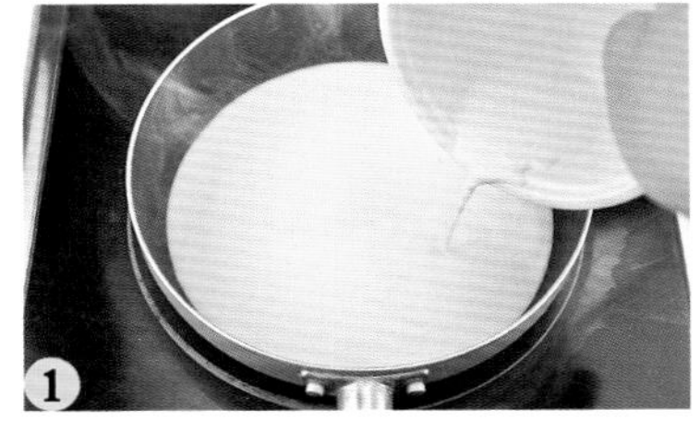

1 玉米淀粉加清水调匀成水淀粉。牛奶倒入小奶锅中，小火煮至温热，加入水淀粉搅拌均匀。

2 继续用小火，边煮边用硅胶铲搅拌锅底，煮至牛奶变得浓稠，盛出备用。

3 软化好的黄油放入打蛋盆中，用电动打蛋器低速搅匀。

4 加入炼乳，用电动打蛋器搅拌均匀。

5 分次少量加入煮至浓稠的牛奶，每加一次牛奶都要用电动打蛋器搅匀后再加下一次。

6 加入香草精，搅打至牛奶和黄油完全融合在一起，呈乳膏的状态，内馅就做好了。

面包制作步骤

1 参照本书 p.179 巧克力岩浆餐包“面包制作步骤”中步骤 1 ~ 7，烤好小餐包。

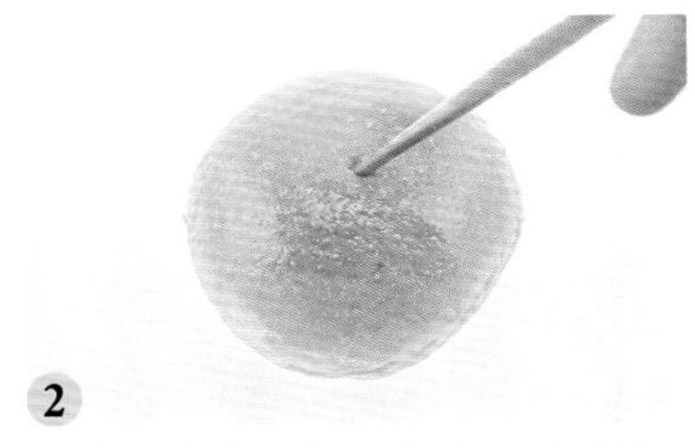

2 用筷子在小餐包上插出一个小孔。

3 做好的内馅装入裱花袋中，从面包上插出的孔中挤入内馅。不要挤得太多，不然会爆出来。

中种法面包

中种法：是将配方中用50%以上面粉加酵母和水等液体混合，调制成面团进行发酵成熟得到种面，再与其余材料混合，制成主面团进行发酵的方法。

优点：发酵时间长，面团发酵成熟的同时吸水性提高，烤好的成品内部湿润，纹理均匀细密，体积大，保水性好，老化慢。

缺点：与直接法比较，面团制作时间长，操作较复杂。

中种法面团制作流程

中种材料	A: 酵母粉1/2小匙，清水50克 B: 高筋面粉140克，细砂糖10克，全蛋液40克
主面团材料	C: 高筋面粉20克，低筋面粉40克，砂糖40克，盐2克，奶粉7克，清水35克 D: 黄油30克

1 将材料 A 混合，静置 5 分钟至酵母粉完全化开。

2 将材料 B 放入盆内，倒入酵母水。

3 用刮板将所有材料混合均匀。

4 用手揉匀，混合成一个粗糙的面团，盖上保鲜膜进行发酵（28~30℃发酵 35 分钟）。

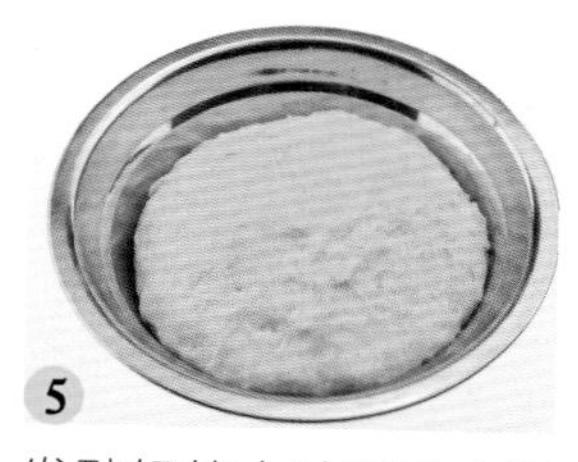

5 发酵好的中种面团应膨胀为原体积 2 倍大。

6 将中种面团用剪刀剪成小块。

7 加入材料 C 中的所有粉类混合，揉成光滑的面团。再加入材料 D 揉匀。

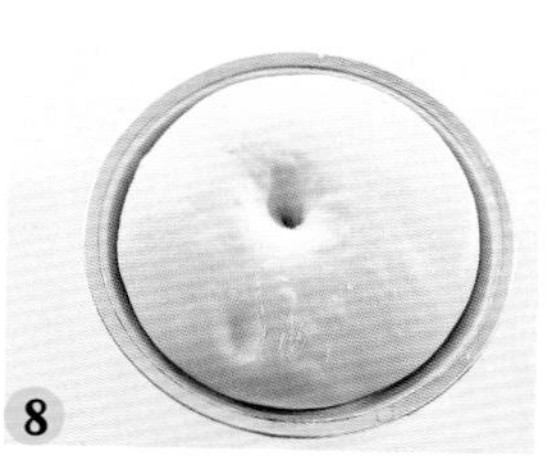

8 揉成光滑的面团，发酵至原体积 2 倍大，用手指蘸干面粉插入面团，凹洞不马上回缩，即成基础发酵面团。

胡萝卜面包

难度★
数量 1 个

材料 A: 胡萝卜 1 根
B: 高筋面粉 250 克，砂糖 40 克，盐 3/4 小匙，奶粉 10 克，鸡蛋 38 克，清水 42 克，酵母粉 1 小匙
C: 黄油 25 克

准备 黄油于室温下软化。

制作心得 ◎ 加入胡萝卜蓉的面团不需要长时间搅拌，因为过度搅拌会破坏面团的筋性。

步骤

1 用擦板将胡萝卜擦成细蓉状，称出 100 克备用。

2 将材料 B 中的鸡蛋、盐、砂糖、奶粉、清水一起放入面包机桶内，加入胡萝卜蓉。

3 放入高筋面粉，并在表面倒入酵母粉。

4 选择面包机的“甜面包”程序，重量“450 克”，烤色“中”，然后启动，待面包机搅拌 10 分钟停机后，放入软化好的黄油。盖上面包机桶盖，让面包机自动完成“搅拌”“发酵”“烘烤”的程序。当程序完毕，时间显示为“0: 00”时，马上戴上隔热手套，将面包从桶内倒出，放在烤网上放凉即可。

鲜奶油面包

难度★★
数量1个

材料 A: 高筋面粉25克，清水100克
B: 高筋面粉250克，细砂糖40克，盐3/4小匙，酵母粉3/4小匙，全蛋40克，动物鲜奶油60克，清水20克
C: 黄油25克

准备 黄油于室温下软化。

制作心得
◎ 制作汤种时，要用小火煮，并不时用锅铲搅拌锅底，让其成糊状。
◎ 做好的汤种要放凉后才可以放入高筋面粉及酵母粉中，不然会因为太热而把酵母烫死。

步骤

1 取一小锅，放入材料A中的清水及高筋面粉，用锅铲搅拌均匀。

2 火炉上开小火，一边搅拌一边将面粉水煮成面糊状，即成汤种。

3 将煮好的汤种放在小盆里，盖上保鲜膜，放入冰箱冷藏放凉，即成汤种。

4 将材料B全部放入面包机内，加入80克冷藏好的汤种。开动面包机的“甜面包”程序先搅拌10分钟，待面包机停止搅拌后，放入软化好的黄油，盖上盖，重新启动面包机“甜面包”程序，让面包机自动完成“搅拌”“发酵”及“烘烤”过程。当程序完毕，时间显示为“0：00”时，马上戴上隔热手套，将面包从桶内倒出，放在烤网上放凉即可。

Part 5

酥挞篇

酥皮的做法

传统的法式酥皮用面粉、盐和水制成外层面团，包裹住黄油，将其擀压成带状并反复折叠。折叠的层数越多，其烘烤形成的酥皮层数就越多，烘烤完成后，成品会有漂亮的层次感，具有入口即化、酥松易碎、奶香浓郁的口感。

酥皮材料	外层面团：低筋面粉126克，高筋面粉85克，盐5克，冷水120克（±5克），黄油40克 裹入黄油：黄油185克（冷冻）
特殊工具	轮刀

步骤

1 将40克黄油提前从冰箱取出，软化至用手指可以轻松按出痕迹即可。

2 过筛后的高筋面粉和低筋面粉放入玻璃碗内，将软化好的黄油分成小块放入碗内。

3 用手抓拌，混合均匀。

4 用冷水化开盐，倒入混合好的面粉中，混合均匀。

5 用手将面粉抓捏成团。

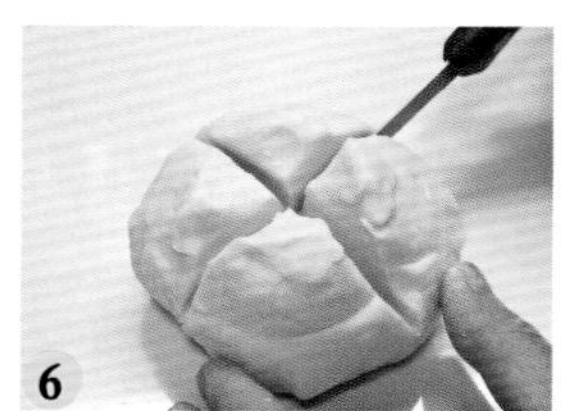

6 在面团表面划出十字刀口。包上保鲜膜，放入冰箱冷藏松弛约1小时。

7 将185克黄油包入一张大的保鲜膜内。

8 用擀面杖擀成长方块，放入冰箱冷藏半小时。

9 案板撒少许高筋面粉（用量外），将松弛好的面团擀成比黄油块略大的长方形面皮。

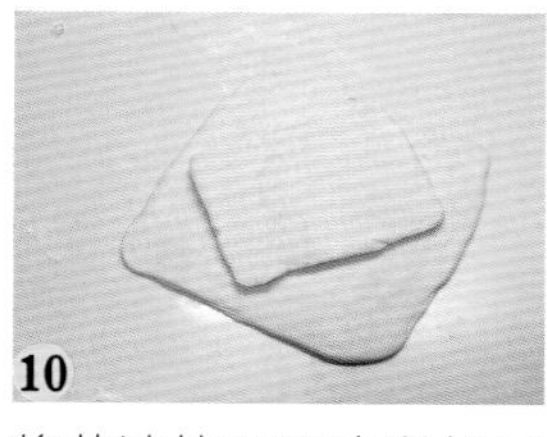

10 将黄油块和面皮以如图相互交错的方式重叠。

11 将面皮的对角接合，并粘紧。

12 剩下的对角也在中央接合，并粘紧。

将四边的面皮向中间位置收拢，粘紧接缝。

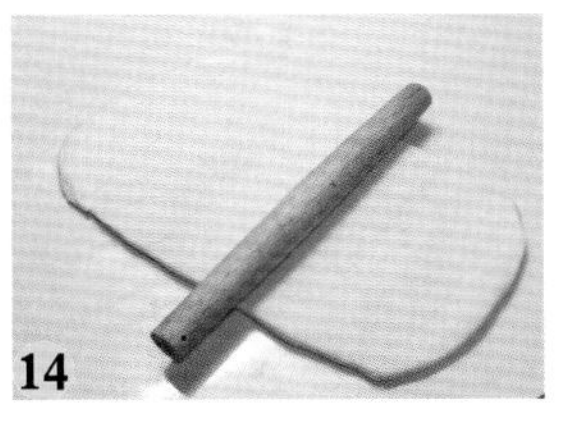

用擀面杖轻压，让面皮向左右延伸。

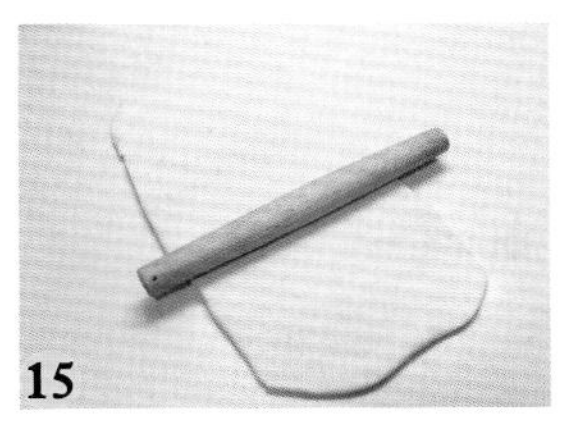

再轻轻地擀长，注意力道要均匀。

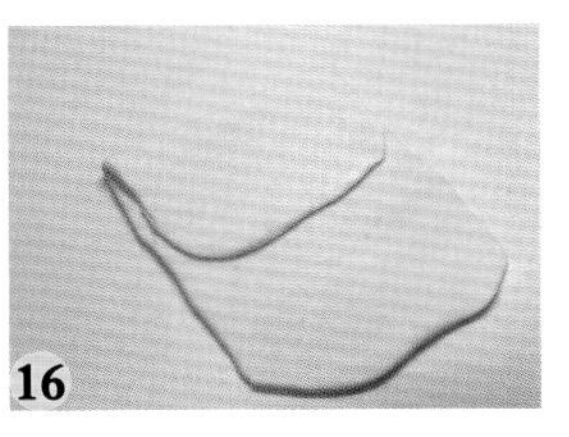

将前端 1/3 的面皮向中间折去。

将身前 1/3 的面皮向中间折过来，盖过前端的面皮。

折好的面皮用保鲜膜包住，放入冰箱冷藏松弛半小时。

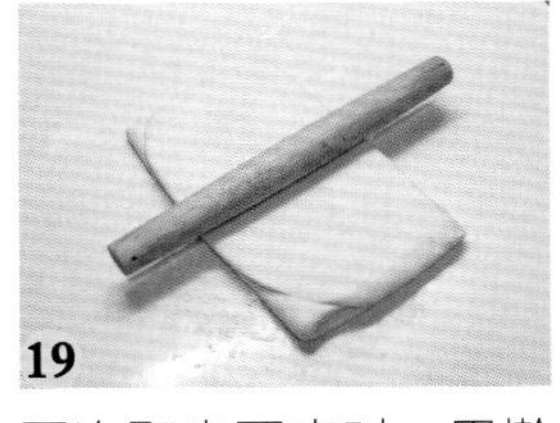

再次取出面皮时，用擀面杖轻压，让面皮向左右延展。

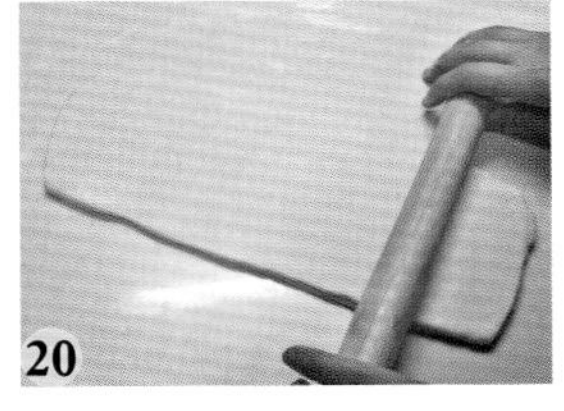

转90°，将面皮轻轻擀长。

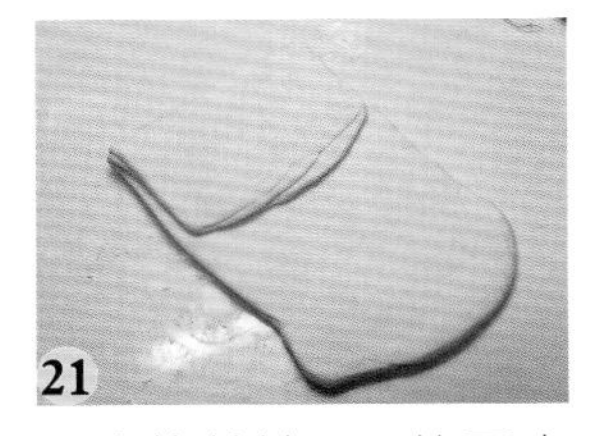

再次将前端 1/3 的面皮向中间折去。

将身前1/3的面皮折叠，盖过前端的面皮，盖保鲜膜冷藏松弛 20 分钟后再取出折叠，如此反复 3 次。

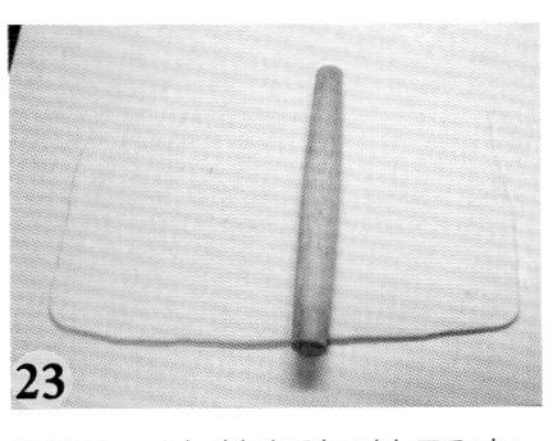

最后一次将折好的酥皮，用擀面杖擀成 4 毫米厚的长方形酥皮。

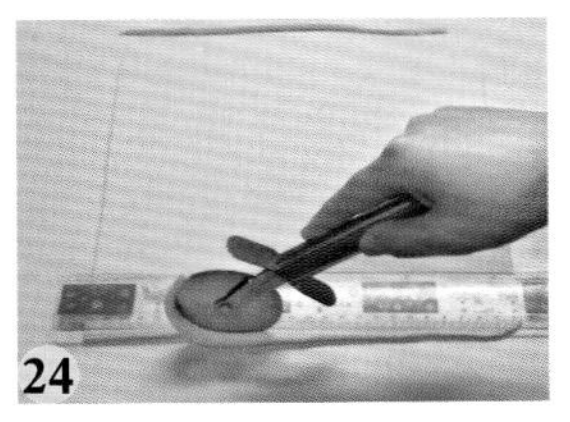

用轮刀切去四周不整齐的边角，即完成千层酥皮的制作。

? 外层面团必须搓揉至什么程度呢?

外层面团不需要过度搓揉，只要将各种材料都混合均匀，轻轻揉成团即可。过度搓揉会导致面团的延展性变差、筋性变强，从而使烘烤好的成品变硬。

? 折酥的最佳时间为什么在春、秋季?

折酥的最佳温度是 18℃左右，也就是春、秋季的室温是最合适的。夏季黄油容易化掉，需要将折好的面团冷藏松弛，否则在折叠的过程中，黄油会变软，和面皮黏在一起，做不出层次感。因此在折叠过程中，如果发现黄油有变软的现象要立即把面团重新放入冰箱里冷藏松弛。冬季气温过低，或是冷藏时间过久，会造成黄油太硬，在擀制过程中裂成碎块，并且黄油过硬会刺破面皮。用手捏内部的黄油，若感觉太硬，需要提前于室温回软一段时间。

外层面团为什么要混合高筋面粉和低筋面粉?

低筋面粉的筋性较低，如果完全使用低筋面粉，面团很容易破裂。如果完全使用高筋面粉，又会因为筋性过强，造成烘烤好的成品太硬、不够酥脆。

为什么每次折叠完后，都要将面团移入冰箱松弛?

首先，在折叠擀制的过程中，面团的弹力会越变越强，形成筋性。如果强行进行第二次擀制，就会造成面皮擀不开，或是破裂。松弛一段时间后，筋性会变弱，面团会变软。

其次，在擀制过程中，里面包裹的黄油被擀制得越来越薄，其软化的速度也越来越快，如果不及时放入冰箱冷藏，黄油就会化掉，和面皮粘连，这样就做不出层次。

最后，气温低于15℃时，折酥皮放室温松弛即可；气温高于15℃时，需放冰箱冷藏松弛。

卡仕达酱的做法

卡仕达酱又叫吉士酱，是由牛奶、蛋黄、低筋面粉、细砂糖等材料用小火熬制而成的。它是西点用途极广的基本馅料之一，常用于各种派类、挞类、面包类制品。

材料	蛋黄2颗，细砂糖50克，牛奶250克，低筋面粉25克

步骤

1 蛋黄加细砂糖放入盆内，用打蛋器充分搅匀至蛋色泛白。牛奶用小火加热至40℃。

2 蛋黄液内加入低筋面粉和1/4的温牛奶，搅拌均匀。再分次少量地加入剩余的温牛奶，搅拌均匀。

3 全部材料混合均匀后，倒入小奶锅内。

4 用小火加热，一边煮一边用木铲搅动底部，直至煮成糊状（仍可流动的状态）。将煮好的面糊放凉后盖上保鲜膜，放入冰箱冷藏1小时即可。

注意事项

◎ 在煮制过程中，为了防止煳锅，要用小火，并不停地搅拌锅底。

◎ 煮好的卡仕达酱是糊状的，要在室温下放至冷却后，盖上保鲜膜以防止表面结皮。放入冰箱里冷藏可保存2～3天，冷藏后的卡仕达酱会变得略硬，要重新搅拌均匀才可使用。

蝴蝶酥

难度★
数量 12 个

材料 千层酥皮 1 张（做法参照 p.190），粗砂糖 25 克

制作心得

◎ 蝴蝶酥在烘烤过程中会膨胀，所以在卷成卷时，不能过于松散，应用手压平整。切片烘烤时，互相之间也要预留出足够的空间。

◎ 在整形过程中，如果面团变软要及时放入冰箱的冷冻室，使其冷却变硬。

步骤

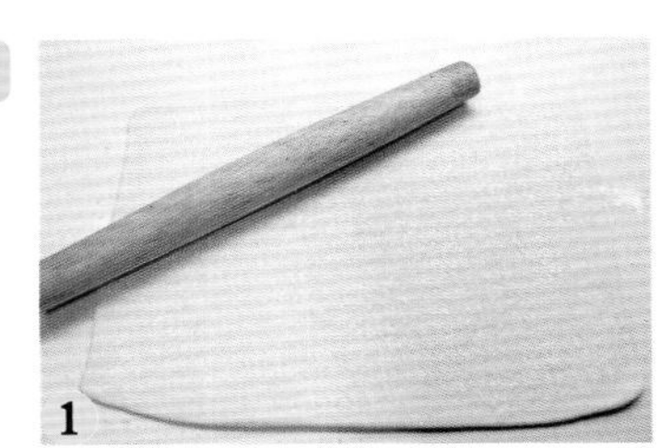

1 将千层酥皮擀制成 4 毫米厚的长方形酥皮，用刀切去酥皮四边不整齐的部位。在酥皮表面先刷上少量清水，再均匀地撒上 20 克粗砂糖，用擀面杖将粗砂糖压入酥皮中。

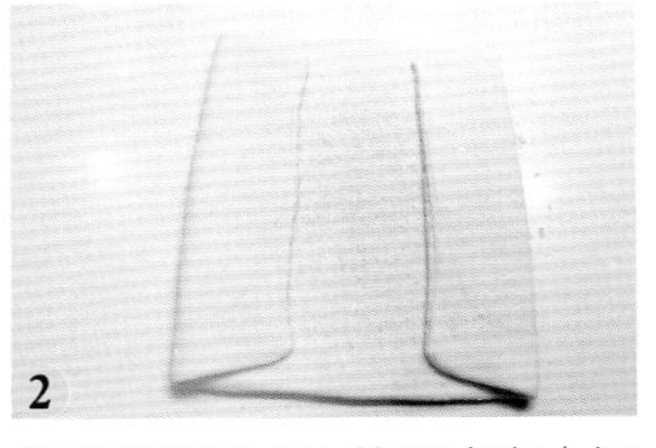

2 分别将两端 1/4 的酥皮向中间对折。

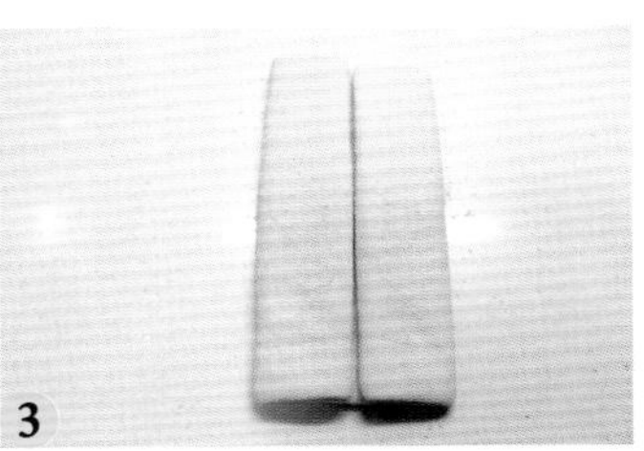

3 再向中间对折一次。

4 再向身体方向重叠对折，并用手压紧，包上保鲜膜放入冰箱冷藏约 30 分钟。

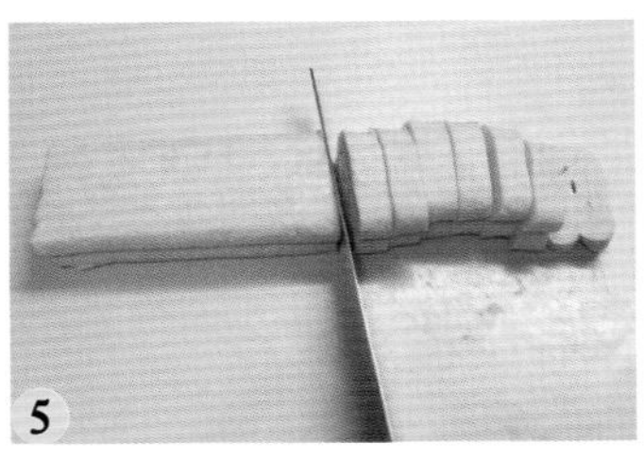

5 用刀将酥皮分割成约 8 毫米厚的小卷。

6 将小卷切口向上摆放在烤盘中。必须预留足够的空间，并在切口表面撒上 5 克粗砂糖。烤箱于 180℃预热，放入烤盘，以上下火 180℃、中层烤 25 分钟。

拿破仑千层水果酥

难度★★
数量 1 个

材料 千层酥皮 1 张（具体做法见 p.190），卡仕达酱适量（具体做法见 p.192），新鲜水果、薄荷叶各适量

◎ 香甜的卡仕达酱和酥脆的千层酥皮是绝妙的搭配。卡仕达酱可以煮得略久一些，这样煮出来的酱比普通的浓稠，冷却后更容易裱出花形。

◎ 我是为了美观才把水果堆这么高的，在家制作时，不需要堆这么高，只要两层酥皮即可。

步骤

1 烤盘上垫锡纸，放上千层酥皮，用餐叉刺上一排排小洞，以免烤的时候酥皮隆起。

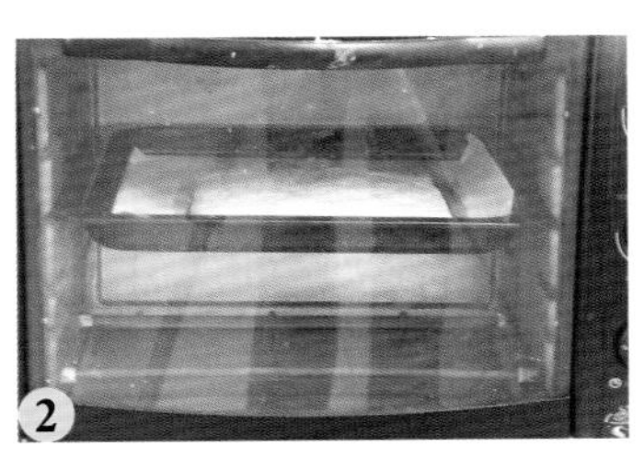

2 烤箱于 180℃预热，放入烤盘，以上下火 180℃ 中层烤制约 25分钟，至酥皮表面微黄即可。

3 烤好的酥皮要放至不烫手。

4 待放至温热时就可以切块了，切成三等份。如果放至太凉，切后容易掉渣。

5 先在盘上放一片酥皮，将卡仕达酱装入裱花袋中，用菊花嘴挤出花形。

6 放上各种新鲜水果。

7 再放上第二层酥皮，挤上卡仕达酱，铺上各种新鲜水果。

8 最后再铺上一块酥皮，挤上卡仕达酱，铺上各种新鲜水果，用薄荷叶点缀即可。

台式凤梨酥

难度★★★
数量3盘约24块

材料 凤梨馅材料：

凤梨果肉 400 克，冬瓜肉 400 克，白砂糖 1/2 杯，麦芽糖 60 克，黄油（隔水化成液态）15 克

酥皮材料：

黄油 168 克，白油（猪油）56 克，糖粉 100 克，鸡蛋 90 克，低筋面粉 385 克，奶粉 50 克

特殊工具 心形凤梨酥模具

凤梨馅制作步骤

1 分别将凤梨果肉、冬瓜肉用搅拌机打成泥状。

2 连果汁一起倒入锅内，用大火煮开后，再转中火煮制。

3 煮至水量少了一半时，加入白砂糖。

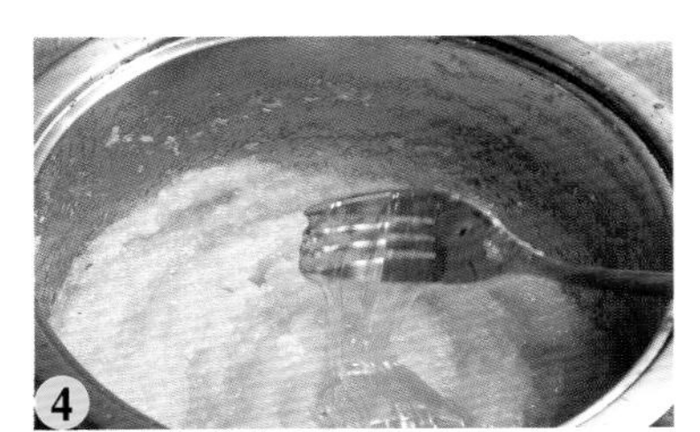

4 煮至水快干的时候，加入麦芽糖。

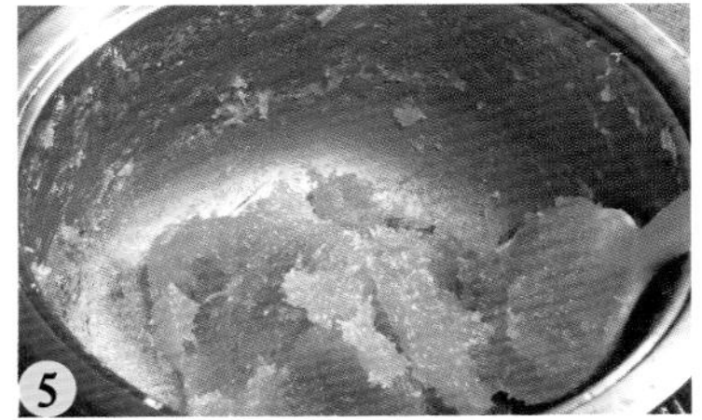

5 继续煮至水干，这时要不停地翻动锅底，以免粘锅，至水完全干时加入化成液态的黄油混拌均匀即可。

6 最后的成品如图，放凉方可使用。

凤梨酥制作步骤

1 将黄油和白油分别切成小块，白油要切得很细，放入打蛋盆内软化。

2 用电动打蛋器以低速打散，加入糖粉。

3 先低速搅打至糖、油混合，再高速搅打至呈羽毛状。

4 将鸡蛋打散，分 2 次加入步骤 3 的混合物内，每次都用高速打发均匀。

5 打发完成时的状态图。

6 筛入低筋面粉和奶粉。

7 用橡皮刮刀翻拌均匀。

8 用手抓捏成团状。注意不要揉面，以免起筋。

9 和好的面团如图所示。

10 分别将凤梨馅和面团整形成长条状。面团的大小为凤梨馅的 2 ~ 3 倍。

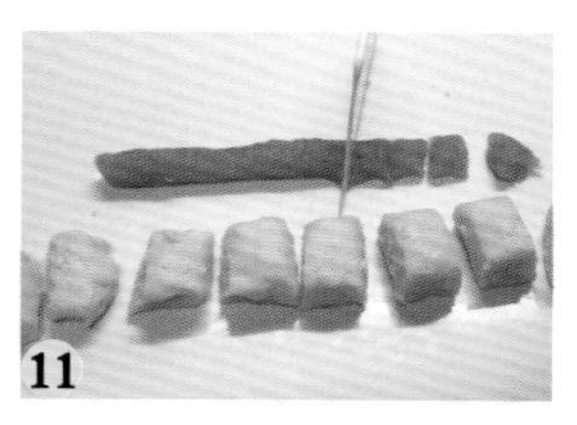

11 再分别切成小段，面皮每段 30 克，凤梨馅每段 10 ~ 15 克。

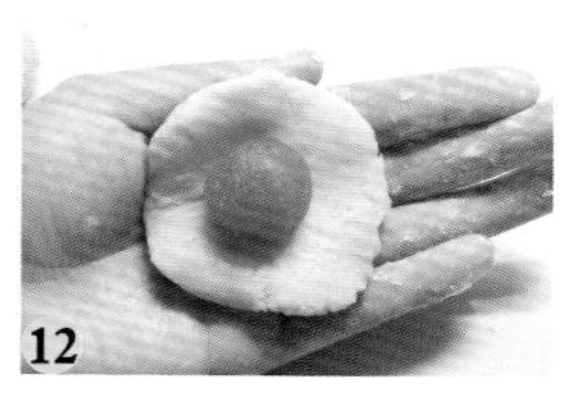

12 用手把面团整理成圆形，按扁。将凤梨馅搓成圆球，放入面皮中。

13 包馅，双手向上推面皮收口，再搓成圆球。

14 用直刀将面团整形成长方块。

15 用模具时，要先在模具内沾上一些低筋面粉（用量外），再放入面团压平整。

16 整好形后移入烤盘。

17 烤箱预热后，放入烤盘，以上下火 170℃、上层烤约 20 分钟至表面上色即。

18 再翻面，烤箱温度降为 150℃，继续烤 20 分钟即可。

◎ 白油可以让口感更酥化，但白油较黄油硬很多，不容易打发，所以要把白油切得很细才行。

◎ 煮凤梨馅时先要用大火煮开，再转中火煮，最后加入其他材料。待煮到很干时，要不停地翻动锅底，以免煳锅，煮到可以结块时，再放凉备用。

◎ 因为凤梨酥较厚，内部不容易烤透，必要时要把温度调至 150℃再烤约 10 分钟。只有彻底将水分烤干才能达到入口即化的效果。

爆浆菠萝泡芙

难度★★★
数量 16 个

材料 “菠萝皮”面团材料：

黄油 40 克，糖粉 27 克，奶粉 5 克，低筋面粉 50 克

卡仕达奶油馅材料：

A: 牛奶 250 克，细砂糖 50 克，蛋黄 3 颗，低筋面粉（过筛）25 克，黄油 20 克，香草豆荚 1/4 枝（或香草精 1/4 小匙）

B: 动物鲜奶油 150 克，糖粉 15 克

泡芙材料：

黄油 50 克，清水 100 克，盐 1/4 小匙，低筋面粉 60 克，鸡蛋 2 颗（全蛋液 110 克）

特殊工具 10 毫米圆口裱花嘴，泡芙专用裱花嘴

泡芙专用裱花嘴

准备

1. 提前从冰箱里取出黄油，切成小块，在室温下软化至用手指可轻松压出手印。
2. 提前从冰箱的冷藏室里取出鸡蛋回温，打散，称出所需的量。
3. 香草豆荚用小刀从中间对剖开，仔细刮出里面的香草籽。

“菠萝皮”面团制作步骤

1 软化好的黄油放入打蛋盆中，用电动打蛋器低速搅散。

2 加入糖粉，用电动打蛋器先低速再转高速打匀。

3 把奶粉和低筋面粉混合，用面粉筛筛入步骤 2 的混合物中，用橡皮刮刀拌匀。

4 用手抓捏成面团，包上保鲜膜，放入冰箱冷藏。

卡仕达奶油馅制作步骤

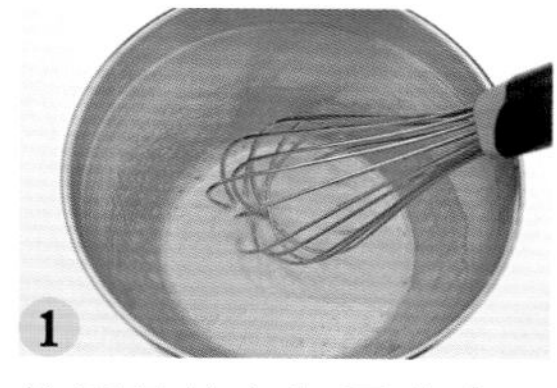

1 将蛋黄放入打蛋盆中，加入细砂糖，用手动打蛋器搅打至细砂糖化开，无须打发。

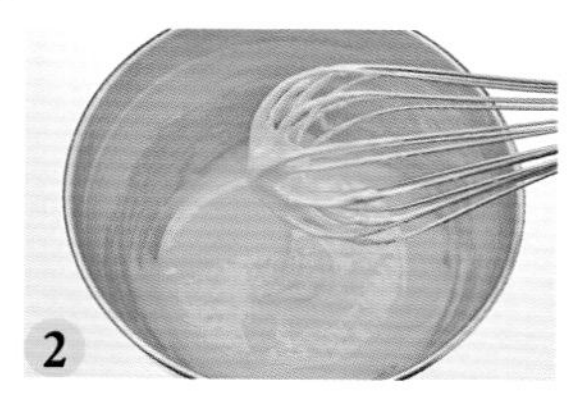

2 加入过筛的低筋面粉，用手动打蛋器搅打成光滑、细腻的面糊。

3 牛奶倒入小锅内，放入香草豆荚和香草籽（或香草精），小火煮至牛奶边沿起小泡，但还未沸腾时关火。

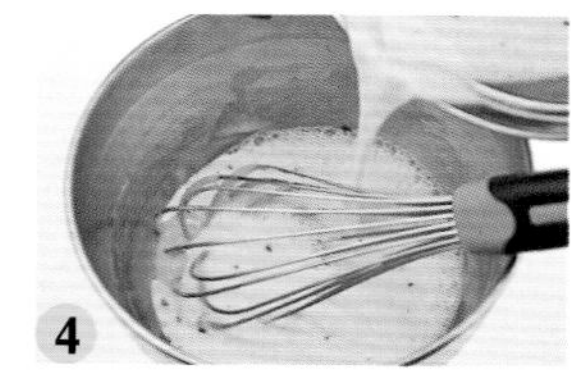

4 将煮好的牛奶倒入打发好的蛋黄面糊中，边倒边用手动打蛋器搅拌均匀。

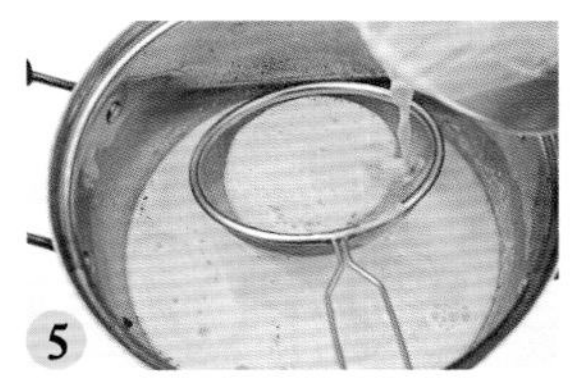
5
将拌好的面糊用面粉筛过滤到小锅里，去除香草豆荚。

6
开小火，边煮边用硅胶铲翻拌防止粘底，煮成较浓稠但仍能流淌的面糊，趁热加入黄油拌匀，盖保鲜膜放凉，即成卡仕达酱。

7
将材料 B 中的动物鲜奶油放入打蛋盆中，加糖粉，用电动打蛋器中速打至九分发。

8
打发好的鲜奶油中加入卡仕达酱，用电动打蛋器低速搅匀，即为卡仕达奶油馅。

泡芙制作步骤

1
软化好的黄油块放入小锅中，加入盐、清水，中小火煮至黄油化成液态。注意清水和黄油一起沸腾，会有油花溅起来。

2
熄火，把低筋面粉均匀地撒在滚烫的液体中。

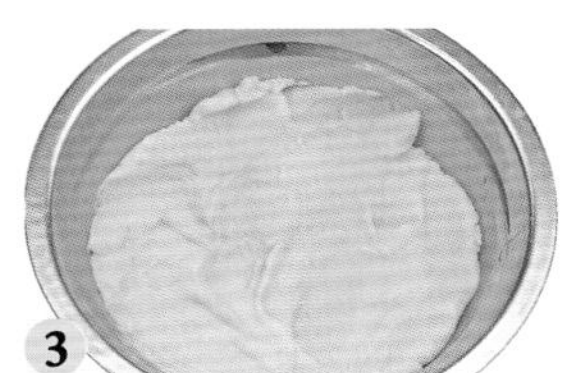
3
锅端离火，用硅胶刮刀划圈搅拌均匀成面团。动作要快，把面粉烫匀。

4
开小火，加热面团以去除水分，边加热边用硅胶刮刀翻动面团，直至锅底起一层薄膜后马上离火，不要烧煳。

5
将面团倒入大盆内，摊开散热至不烫手，分次少量地加入蛋液。每次都要用硅胶刮刀充分搅匀后再加入下一次。

6
直至面团完全吸收了蛋液，面糊变得光滑细腻，用硅胶刮刀铲起面团时会呈倒三角状而不滴落。

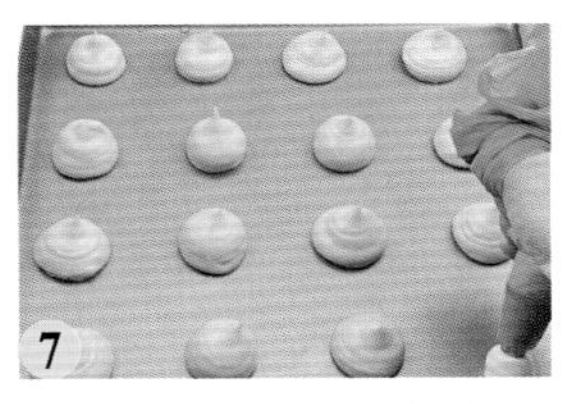
7
裱花袋装上 10 毫米圆口裱花嘴，套入高杯里，装入面糊，挤在不粘烤盘上，因为烘烤后泡芙会膨胀很多，互相之间要隔开 3 厘米的空隙。

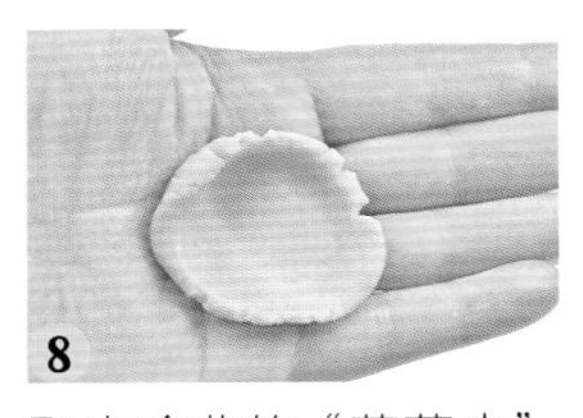
8
取出冷藏的“菠萝皮”面团，用硅胶刮刀分割成 16 份，搓圆，放在左手中，用右手大拇指按成帽子状，要和泡芙一样大，盖在泡芙上。

9
烤盘放入预热好的烤箱底层，以 180℃上下火烤 30 分钟，至泡芙表皮些微上色。

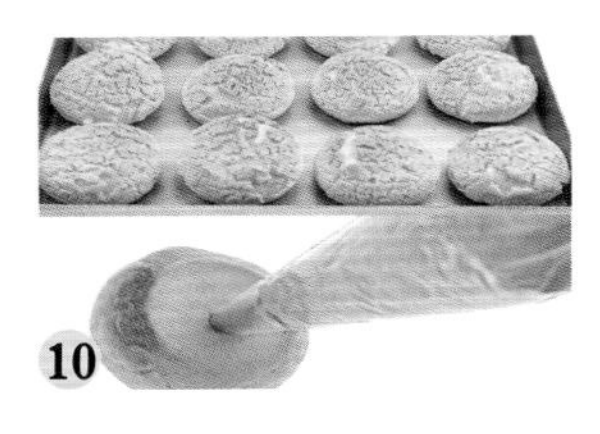
10
裱花袋上装好泡芙专用裱花嘴，将卡仕达奶油馅装入裱花袋中，从泡芙底部挤入内馅，挤到感觉内馅马上就要溢出来即可。

葡式蛋挞

难度★★
数量 8 个

材料 挞水材料：
鲜奶油 100 克，牛奶 85 克，吉士粉 1 大匙，糖 2 大匙，炼乳 1 大匙，蛋黄 2 颗
蛋挞皮材料：
千层酥皮 1 张（做法见 p.190）
其他材料：
干面粉适量

特殊工具 蛋挞模

制作心得

◎ 吉士粉呈浅黄色粉末状，具有浓郁的奶香味和果香味，如果没有的话可以用玉米淀粉替代。

◎ 按压挞皮时，底部要薄一些，挞皮过厚不容易烤干，操作时动作要快，如果感觉面团太湿软，说明内部的黄油开始软化，要及时放入冰箱内冷藏。

◎ 挞皮在烘烤过程中会有些收缩，所以要把挞皮做得略高于挞模，而且放挞水时也不能过满。

◎ 新手不熟练时可以先做 4 个，待成功后再制作其余的。

挞水制作步骤

1 吉士粉放入奶锅内，冲入少许牛奶搅至化开。加入鲜奶油、糖、炼乳、剩下的牛奶搅匀，移至火炉上，小火边煮边搅拌，直至起小泡（约 60℃）。

2 煮好的浆汁放凉后，加入 2 颗蛋黄搅散。

3 用网筛过滤后即可使用。

蛋挞皮制作步骤

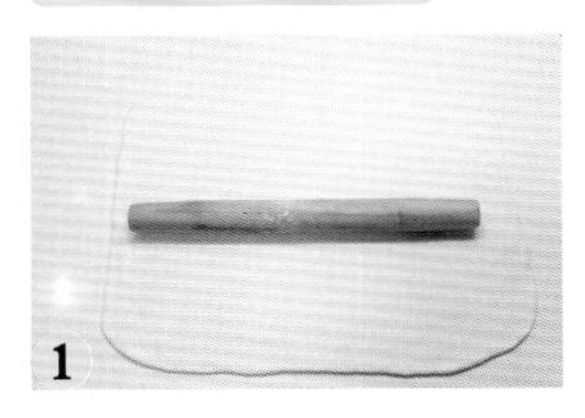

1 准备一张千层酥皮，切去不整齐的边角，裁成长方形。

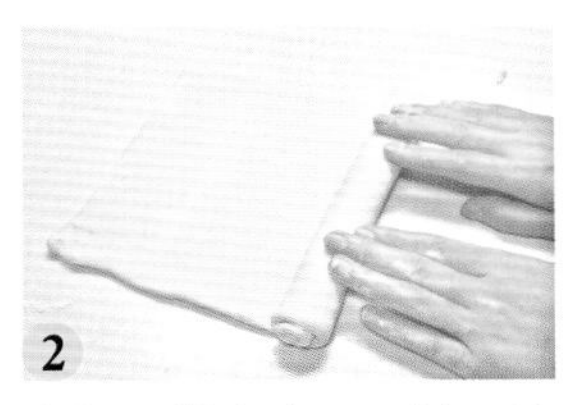

2 案板上撒少许干面粉，将酥皮由下向上卷成筒状。

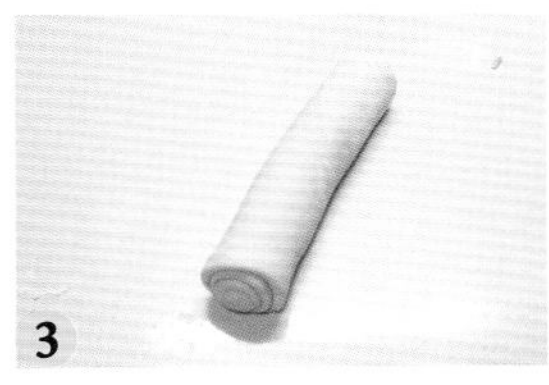

3 卷好后，底部粘紧，包上保鲜膜，放入冰箱冷冻 15 分钟。

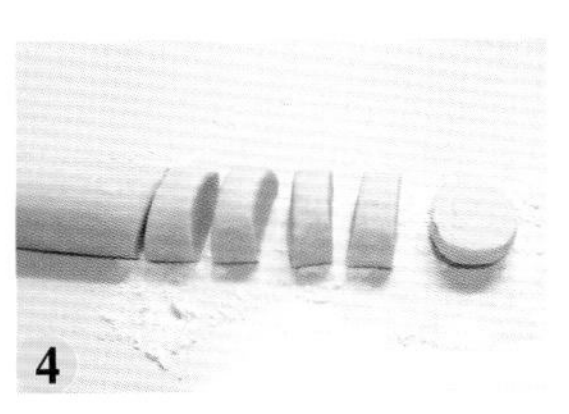

4 将酥皮卷取出，切成 1.5 厘米厚的小段。

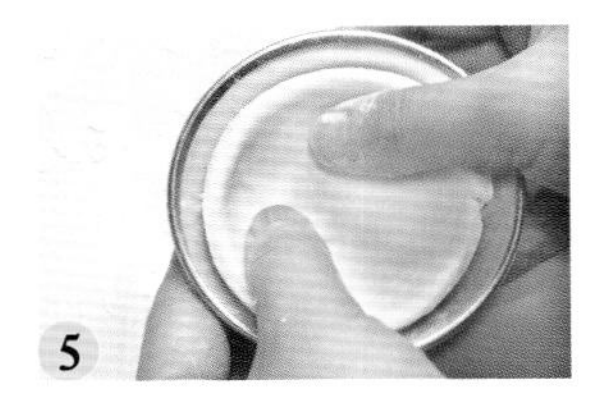

5 顶部粘干面粉，放入挞模内。将面段依挞模形状按成 2 毫米厚的挞皮。

6 按好的挞皮要略高于挞模。做好后移入冰箱里冷藏松弛 20 分钟。

7 将挞水倒入做好的挞模内，至七分满即可。

8 挞模放入预热好的烤箱，以上下火 220℃、中下层烤 20 分钟，再移至上层烤 1 ~ 2 分钟上色。

草莓芝士挞

难度★★★
5 寸芝士挞 2 个

材料 芝士内馅材料：
A: 奶油奶酪 50 克，动物鲜奶油 20 克
B: 动物鲜奶油 50 克，细砂糖 30 克
芝士挞材料：
黄油 62 克，盐 1/8 小匙，糖粉 50 克，鸡蛋半颗（25 克），低筋面粉 125 克，高筋面粉少许
表面装饰材料：
新鲜水果、薄荷叶各适量

特殊工具 5 寸派盘 2 个，重石适量

制作心得

◎ 化开的芝士糊要放凉后再加入打发好的鲜奶油，否则鲜奶油会化掉。
◎ 因为芝士糊是湿的，所以在倒入派皮后要尽快烘烤，以免浸湿了派皮。最后烘烤时不需要烤得太干，湿润的芝士层搭配香酥的派皮才好吃。
◎ 冬季室温低于 18℃时，做好的面团放在室温下松弛即可，无须冷藏。

芝士内馅制作步骤

1 将奶油奶酪、动物鲜奶油隔水软化。

2 用手动打蛋器一直搅拌至呈糊状，取出放凉即成芝士糊。

3 用电动打蛋器将动物鲜奶油和细砂糖打至六分发。

4 将打发好的鲜奶油加入步骤 2 的芝士糊内。

5 用手动打蛋器将二者混合均匀，即为芝士内馅。

芝士挞制作步骤

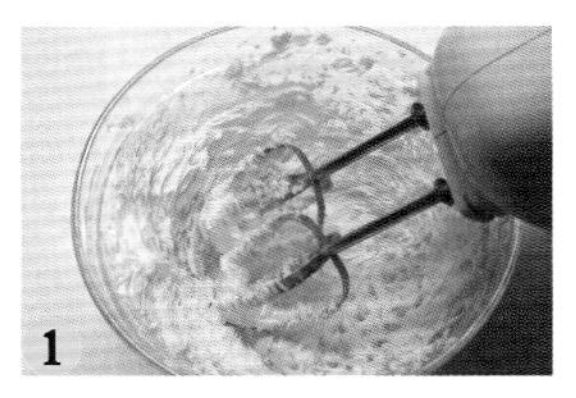

制作芝士挞皮：将黄油切成小块，在室温下软化后，用电动打蛋器以低速打散。

加入糖粉，先手动搅拌至糖、油混合。

再由低速转高速搅打，打至体积膨大一倍、色泽转为浅黄色即可。

将鸡蛋加盐打散，分次少量地加入步骤 3 的混合物中。

每次都需搅拌至完全融合，呈乳化状态。

筛入低筋面粉，用橡皮刮刀翻拌至完全混合。

取出面团，用手掌稍用力推压，使之更加均匀，移入冰箱冷藏。

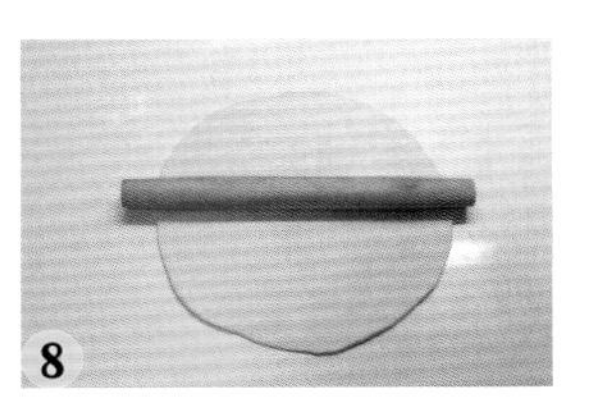

在工作台上撒上少许高筋面粉，将冷藏过的面团擀成圆形挞皮。

将挞皮覆盖在挞模上，并用食指侧面按压挞皮使其能贴合派盘。

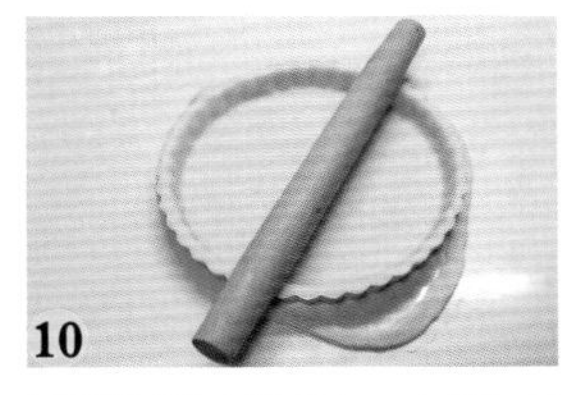

用擀面杖擀压、去除多余的挞皮。

用餐叉将挞皮插出一排排气孔。

在挞皮上铺上油纸，并放上重石颗粒（或者豆子）。

模具放入预热好的烤箱，以上下火 180℃、中层先烤 15 分钟。拿掉油纸和重石，以上下火 180℃、中层烤 10 ~ 15 分钟至内侧上色。

将芝士内馅倒入烤好的挞皮内，至六分满。以上下火 180℃、中层再烤 10 分钟，烤好后装饰上新鲜水果、薄荷叶即可。

缤纷水果芝士派

难度★★
数量 1 个

材料 派底材料：
全麦消化饼干 120 克，黄油 65 克
内馅材料：
奶油奶酪 150 克，酸奶 85 克，动物鲜奶油 150 克，蜂蜜 20 克，细砂糖 80 克，吉利丁片 1 片
表面装饰材料：
杧果 1 个，草莓、蓝莓各适量

特殊工具 18 厘米不粘活底派盘

准备

1. 奶油奶酪提前从冰箱取出。
2. 全麦消化饼干掰成小块，放入搅拌机内搅拌成极细的碎末（或放入食品袋中，用擀面棍擀成碎末），放入盆中。（图 a）
3. 吉利丁片剪成两半，浸入凉水中，浸泡至软。（图 b）
4. 杧果去皮、核，取果肉切成长条。草莓洗净，对半切开。（图 c）

a

b

c

步骤

1 黄油放入小盆中，隔热水加热至化成液态，倒入饼干碎末中，用刮刀压拌至饼干碎末充分吸收化开的黄油。

2 将拌匀的饼干碎末倒入派盘中，用饭铲压平整。

3 用手稍用力按压，直到饼干碎末都紧贴着派盘，然后将派盘移入冰箱，冷冻 30 分钟备用。

4 奶油奶酪切成小块，加入细砂糖，隔热水加热 5 分钟至软化。

5 用电动打蛋器搅打，先低速再转中速，将奶油奶酪打匀。

6 加入酸奶，用电动打蛋器中速搅打均匀。

7 分 3 次加入动物鲜奶油，每次都要用电动打蛋器搅匀后再加入下一次。

8 泡软的吉利丁片放小盆中，加 15 克清水，隔温水加热至化成液态。

9 将吉利丁溶液和蜂蜜都加入步骤 7 的混合液中。

10 用电动打蛋器中速搅拌至混合均匀。

11 将冻好的派盘取出，倒入做好的奶酪糊至满模，将派盘移入冰箱冷藏 2 小时。

12 取出奶酪派，在表面摆上杧果条、草莓、蓝莓即可。

鲜虾培根比萨

难度★★
10寸比萨1个

材料 饼皮材料：

A: 高筋面粉150克，清水80克，细砂糖2小匙，盐1/4小匙，酵母粉1/2小匙

B: 黄油15克，面粉、全蛋液各适量

简易比萨酱：

番茄酱2大匙，细砂糖2小匙，黑胡椒粉1/2小匙，蒜蓉1/2小匙，洋葱碎1/2小匙，蚝油1小匙，比萨草适量，清水1大匙

比萨馅料：

马苏里拉芝士150克，鲜虾10只，培根2条，青椒、红椒、洋葱、甜玉米粒各适量

特殊工具 10 寸比萨盘

准备

1. 将马苏里拉芝士从冰箱的冷冻室里取出，放至半硬状态，用刨丝器刨成细丝，放入冰箱冷藏。
2. 鲜虾去壳取虾肉，培根、青椒、红椒切成小块，洋葱切成细条，均以170℃烤 5 分钟至水分收干。
3. 比萨酱材料混合均匀，盖上保鲜膜，用烤箱中火加热 1 分钟，取出拌匀，再加热 1 分钟即成简易比萨酱。

制作心得

◎ 面皮第二次发酵的时间视室温而定，夏季发酵 10 分钟即可，冬季发酵 20 分钟左右。

◎ 在面团表面铺馅的时候，不能放太多含水分的馅料，否则流出来的水分会浸湿饼皮。因此在烤比萨前，先把鲜虾、蔬菜、肉类等用烤盘盛装，于烤箱上层、170℃烤制 5 分钟以去除水分。

步骤

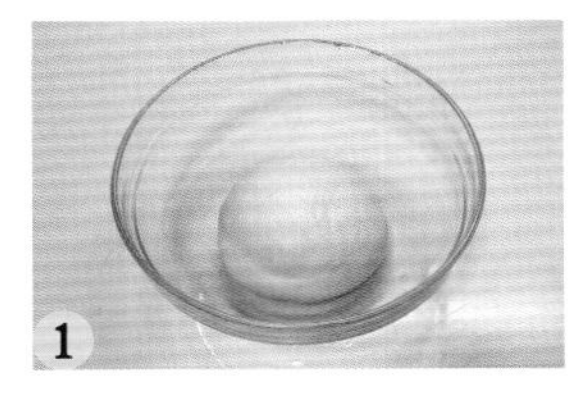

1 将材料 A 混合和成面团后，再加入黄油揉成较光滑的面团即可。

2 盖上保鲜膜发酵至原来的 2 倍大，至面团内部充满气孔。

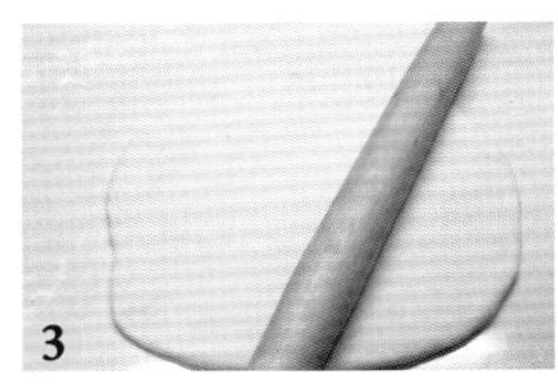

3 案板上撒面粉，将面团擀成比比萨盘略小的圆饼，备用。

4 比萨盘上涂一层薄薄的黄油（用量外）。

5 将擀好的比萨饼皮放入比萨盘内。

6 用手按压比萨饼皮，把比萨饼皮撑至与比萨盘同样大，边缘挤出一圈圆边。

7 用餐叉在比萨饼皮上刺出排气孔，再度发酵约 20 分钟。皮饼的边缘刷全蛋液。

8 在饼皮中间放上做好的简易比萨酱。

9 再撒上 2/3 的马苏里拉芝士丝。

10 放上预先烤过的鲜虾、培根块、青椒圈、红椒圈、洋葱条，再撒上甜玉米粒。

11 烤箱于 240℃预热，放入比萨盘，以上下火 220℃、中上层先烤 15 分钟。

12 取出，撒上剩余的马苏里拉芝士丝，继续烤 3 ~ 5 分钟，直至芝士化掉即可。

火腿卷边比萨

难度★★
10寸比萨1个

材料 比萨饼皮材料：

A: 比萨专用粉（或高筋面粉）150克，清水80克，细砂糖10克，盐1/4小匙，酵母粉2克

B: 黄油20克（涂盘用黄油10克）

馅料材料：

火腿肠4根，洋葱30克，红椒、黄椒、青椒各20克，西蓝花30克，马苏里拉芝士150克

比萨肉酱材料：

番茄酱2大匙，细砂糖2小匙，猪绞肉100克，黑胡椒粉1/2小匙，蒜碎1/2小匙，洋葱碎1/2小匙，盐1/4小匙，色拉油1大匙，清水80克

特殊工具 10 寸比萨盘

准备

1. 提前从冰箱取出黄油，切成小块，在室温下软化至用手指可轻松压出手印。
2. 将洋葱、红椒、黄椒、青椒和西蓝花分别洗净，沥干水，切成小块。西蓝花用开水汆烫 2 分钟，捞出备用。
3. 取1根火腿切块。提前从冰箱里取出马苏里拉芝士解冻，切成碎。（图 a）
4. 在比萨盘上预先涂上 10 克黄油，这样比萨底就会被煎得香香的。（图 b）
5. 平底锅放色拉油，小火烧热，放入洋葱碎、蒜碎炒出香味。加入猪绞肉小火煸炒至出油，再加入番茄酱、细砂糖、黑胡椒粉、盐。翻炒均匀后加入清水，小火焖煮至水分基本收干、酱汁黏稠，把比萨肉酱装入小碗内，盖上保鲜膜，放凉备用。

步骤

1 参照本书 p.209 鲜虾培根比萨步骤 1 ~ 6，和好面团，发酵并松弛好，用排气擀面棍擀成直径 25 厘米的圆饼。

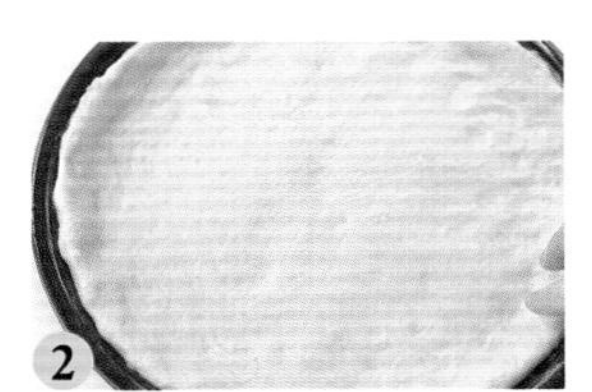

2 将擀好的比萨饼皮铺在比萨盘上，用手按压面团，使面团的大小正适合比萨盘。

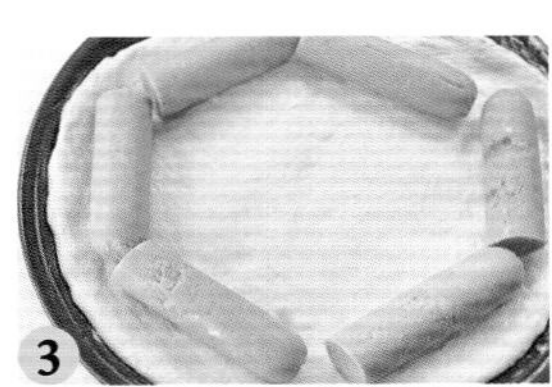

3 将剩下的 3 根火腿肠对半切开，在比萨饼皮上绕成一个圈。

4 用饼皮的边缘包裹住火腿肠，并把收口粘紧。

5 用剪刀将包裹火腿肠的比萨边剪断，每段大约长 2 厘米。

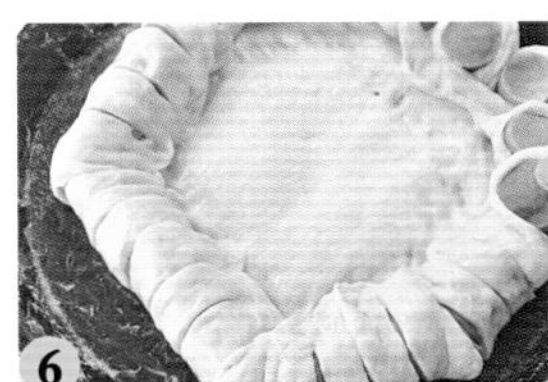

6 用手将火腿肠翻一下，切口面朝上。如果火腿肠的位置太多，可以去掉一部分不要。

7 全部翻过来后整理均匀，用餐叉在比萨饼皮中间多刺些小孔，以防烘烤时饼皮隆起。

8 在饼皮上均匀地铺上比萨肉酱，注意不要把肉酱中的油加进去。

9 在肉酱上铺一层厚厚的马苏里拉芝士碎。

10 加上火腿块和处理好的各种蔬菜块。

11 比萨盘放入预热好的烤箱中层，以 200 ℃上下火烤 15 分钟即可。

平底锅做比萨

难度★★

10 寸比萨 1 个

材料 饼皮材料：

高筋面粉 150 克，酵母粉 1/2 小匙，盐 1/4 小匙，黄油 25 克

馅料材料：

猪绞肉 300 克，洋葱丝 100 克，番茄块 200 克，培根 2 条，马苏里拉芝士 150 克，青椒块、红椒块、洋葱碎各适量，番茄酱 150 克，生抽 2 大匙，蚝油、砂糖、黑胡椒粉各 1 小匙，植物油 1 大匙，料酒、蒜蓉各适量

1. 锅内放入 1 大匙植物油，冷油放入蒜蓉、洋葱碎炒出香味。加入猪绞肉，翻炒数下，调入料酒，小火慢慢炒至猪肉出油、表面呈微黄色。加入番茄块，翻炒均匀。调入番茄酱、生抽、蚝油，倒入少许清水。煮至番茄块成酱汁后，加入砂糖、黑胡椒粉，略煮入味即成肉酱。
2. 锅烧热，放入培根煎至两面呈金黄色，盛出放凉，切小块。用煎培根剩下的油把青椒块、红椒块、洋葱丝略炒一下，盛出备用。
3. 用刨丝器把马苏里拉芝士刨成细丝，备用。
4. 将饼皮材料（除黄油外）全部放入盆内，倒入 80 克清水，用指尖调和成面团。加入 15 克黄油，和至面团光滑。
5. 将和好的面团放入盆内，盖上保鲜膜，放在温暖处醒发。
6. 待面团醒发至原体积的 1 ~ 1.5 倍大时，取出，按扁，用擀面杖擀成平底锅大小的圆饼。盖上保鲜膜醒发 20 分钟。
7. 在平底锅内涂抹上一层黄油（用量外）。将擀好的面饼放入锅内，用餐叉在面饼上刺出一排排小孔。
8. 锅置火上，小火煎约 15 分钟，至饼底有些微的焦黄色。翻面，趁翻面的时候加入 10 克黄油到锅里，熄火，利用锅的余热将另一面煎至微黄。
9. 将煮好的肉酱均匀地铺在比萨饼上，边沿留一圈的空隙。撒上一部分芝士丝。铺上煎好的培根块，放上炒好的洋葱丝、红椒块、青椒块，再撒上剩余的芝士丝。
10. 盖上锅盖，用小火焖 15 分钟即可。

◎ 培根因为没有经过烘烤，所以需要先煎香，蔬菜也要先略炒以去除水分。

◎ 无论是做烤箱版的，还是做平底锅版的比萨，放入的馅料不要太多。不要把含太多水分的蔬菜、水果全部放在比萨上，以免浸湿饼皮，影响口感。

Part 6

健康零食篇

花生酱

难度★
约 200 克

材料 花生仁 150 克，白糖 25 克，盐 2 克，色拉油 10 克，黄油 25 克

步骤

1 花生仁放入炒锅内，用小火慢慢翻炒至出香味，表皮微焦，放凉备用。

2 用双手反复揉搓，搓去花生仁的表皮。

3 将去皮花生仁、白糖、盐放入研磨杯内，打成粉状。

4 黄油放入不锈钢碗内，放于热水锅中。

5 将黄油隔热水化成液态。

6 将化开的黄油倒入研磨杯内，加入色拉油，搅成细腻的糊状。

7 将搅好的花生糊移入杯子中，放室温冷却后，加盖，放冰箱冷藏 1 小时。1 小时后花生糊就会凝结成花生酱。

自制黑芝麻糊

难度★
约 200 克

材料 黑芝麻 100 克，糯米粉 50 克，白砂糖 60 克

步骤

1 将黑芝麻洗干净，用细网筛沥干水，备用。

2 将黑芝麻放入炒锅内，用小火慢慢炒熟、炒香。注意不要炒煳了，煳了会有苦味，盛出备用。

3 糯米粉放入炒锅内，用小火慢慢炒熟，至些微变黄、有面粉的香气溢出即可。

4 将炒好的黑芝麻倒入锅内，加入白砂糖，将三者混合均匀，放凉备用。

5 将步骤 4 的混合物放入搅拌机的干磨杯里，搅拌成细粉。放凉后装入乐扣盒中，放冰箱冷藏保存。

6 最后将成品放在碗内。用汤匙取合适的量，放入杯子里，冲入热开水，一边冲一边用汤匙搅拌均匀，即成一杯香气四溢的黑芝麻糊。

◎ 炒芝麻的时候要炒至颗粒分明、干爽的状态。
◎ 每次取用的时候，要用干净、干爽的汤匙，这样放冰箱密封保存可实现 6 个月不变质。

自制果丹皮

难度★★

数量约 10 个

材料 山楂 600 克，白糖 270 克，清水 50 克

步骤

1 山楂洗净，择去梗，用小刀挖去蒂部，掏出果核。

2 将处理好的山楂、白糖、清水放入电压力锅内。

3 加锅盖压约 20 分钟。

4 压好的山楂很软烂。

5 用搅拌机将山楂打成果浆状。

6 用细的网筛过滤打好的山楂果浆，以滤去皮渣。

7 过滤好的山楂泥。

8 将山楂泥放入小锅内用小火煮片刻，煮至山楂泥可以挂在木匙上即可。

9 取一平烤盘，铺上油纸。

10 将山楂泥倒在烤盘内，用塑料刮板刮平整。

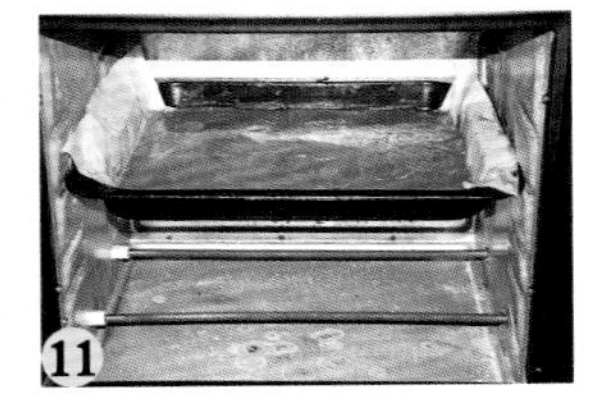

11 烤箱于 150℃预热，放入烤盘，以 150℃、中层烤 60 分钟，用手触摸表皮凝结，按压下去无明显指痕，即表示凝结好了。小心地将果丹皮掀起，卷成卷，切段即可。

制作心得

◎ 在搅拌的时候尽量把山楂搅拌均匀，搅拌得越细，就越容易过筛，最后做出来的成品也越光滑。另外，用搅拌杯的效果会更好。

◎ 将过滤好的山楂泥进行熬煮，是为了去除山楂内多余的水分，煮的时候要不停地用木匙搅拌锅底，以免煳底。

◎ 成品不要煮得太干，太干不容易刮平整；也不能太湿，不然烤很久都不会干。

◎ 如果没有烤箱，将山楂泥抹在涂了油的盘子上，放在室外晒 2 ~ 3 天，等自然晾干也可以。

香酥蛋卷

难度★★
数量 7 个

材料 鸡蛋 2 颗，低筋面粉 55 克，黄油 50 克，细砂糖 45 克，黑芝麻 10 克

步骤

1 鸡蛋中加细砂糖，在小盆内用手动打蛋器搅拌均匀，至细砂糖化开。

2 黄油放入小盆内，隔热水加热至化成液态。

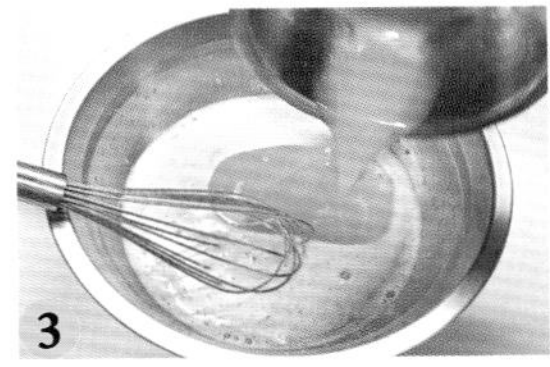

3 将化成液态的黄油倒入蛋液中，搅拌均匀。

4 加入低筋面粉拌匀。

5 用手动打蛋器搅拌至无明显颗粒的糊状。

6 加入黑芝麻拌匀。

7 不粘平底锅先不要烧热，舀 1 大匙蛋糊放入锅内。

8 晃动锅子，将锅里的蛋糊平摊开来。

9 用小火加热锅子，待见到蛋皮边缘有些微黄色时，用手小心地掀起蛋皮，翻面。

10 同样方法将蛋皮的另一面用小火煎至有些微黄色。

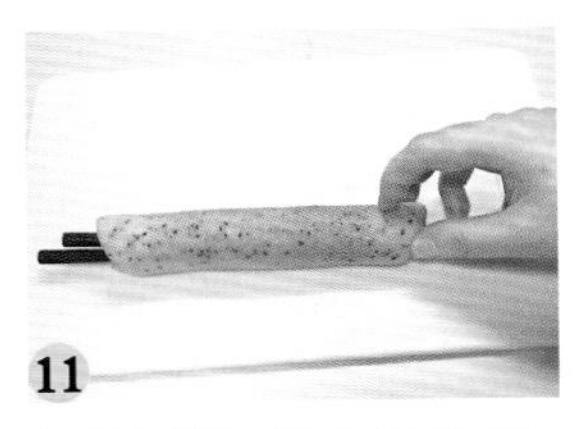

11 趁热用筷子将蛋皮卷起，卷起后放至一边定形 2 分钟即可。

制作心得

◎ 煎蛋卷最好是用不粘平底锅，不然会粘锅，导致掀不起来。在倒入面糊前，不要加热锅子，锅子如果有温度的话，面糊就摊不开了。每次煎完蛋卷后，都要把锅子用凉水冲凉后洗净，再用干布擦干才行。

◎ 看蛋卷是否熟了，可以从蛋皮边是否呈微黄色、能否用手掀起来来判断，如果煎的时间不够，或是蛋卷太厚的话，做出来的成品会不够酥脆。

◎ 卷蛋卷的时候，动作要快，时间长了，蛋卷会遇冷变脆，不容易卷起来。

焦糖布丁

难度★
数量 7 个

材料 蛋奶浆材料：
鸡蛋 4 颗（约 240 克），牛奶 500 克，砂糖 50 克
焦糖材料：
砂糖 80 克，清水 80 克

特殊工具 布丁杯（直径 7 厘米 × 高 6 厘米）7 个

◎ 牛奶加热后不可以马上冲入鸡蛋内，会把鸡蛋冲成蛋花，一定要放凉后加入。
◎ 煮焦糖时一定要用小火慢煮，煮至有些微黄时，转动锅子使之色泽均匀；煮至呈褐色时即可熄火，以免余温把焦糖烧焦。
◎ 刚烤好的布丁表面会有些晃动，放冰箱冷藏后就变凝固了。如果布丁表面充满气泡说明温度过高，如果口感过硬说明烤制时间过长。
◎ 模具的大小和深浅不同，烘烤的时间也不同。

步骤

1 将鸡蛋放入盆内，用手动打蛋器搅打均匀。

2 牛奶加砂糖用小火略煮至砂糖化开，奶锅开始冒小泡即可（约 60℃）。

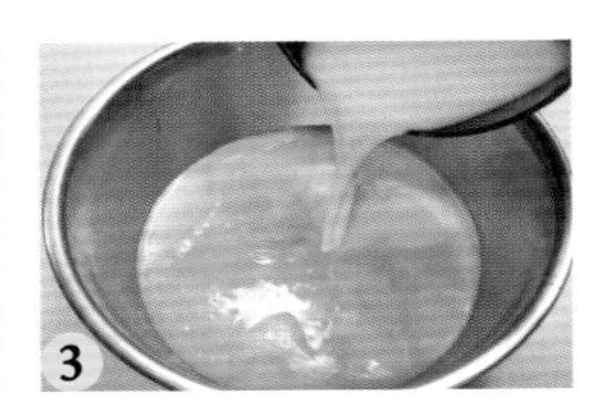
3 加热后的牛奶要彻底放凉，再倒入鸡蛋液中。

4 用手动打蛋器充分搅打均匀，即成蛋奶浆。

5 混合好的蛋奶浆用网筛过滤一次。

6 将焦糖材料放入小锅内，小火煮成褐色，温度约 110℃。

7 趁热将焦糖倒入布丁杯中，备用。

8 布丁杯移入冰箱内冷藏，放凉至焦糖凝固。

9 再把步骤 5 中过滤好的蛋奶浆倒入布丁杯内。

10 烤盘注满水，放入预热好的烤箱，以上下火 160℃、中下层烤 35 分钟。烤好后冷藏 4 小时脱模，倒扣在盘中即可。

蜜汁猪肉脯

难度★★
数量约 8 片

材料 猪腿肉（略带肥肉）510 克，高度白酒 3 克，盐 3 克，生抽 10 克，鱼露（或蚝油）5 克，黑胡椒粉 1 克，白砂糖 20 克，红曲粉 3 克，玉米淀粉 7 克，蜜蜂水 50 克（40 克蜂蜜加 10 克温开水混匀），植物油适量

准备 1. 猪腿肉洗净，沥干水并晾干，去肉皮、筋膜，切成小块。
2. 红曲粉放入碗中，加 5 克清水，调匀成糊状。

步骤

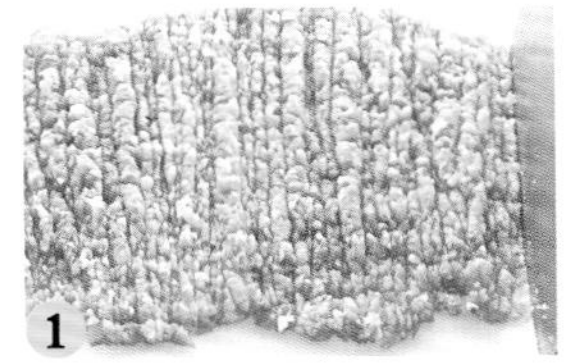

1 将猪腿肉尽量剁细。

2 肉糜放入碗中，加盐、生抽、高度白酒、鱼露、黑胡椒粉、白砂糖、红曲粉、玉米淀粉。

3 用筷子拌一下，沿一个方向搅拌至猪肉起胶。

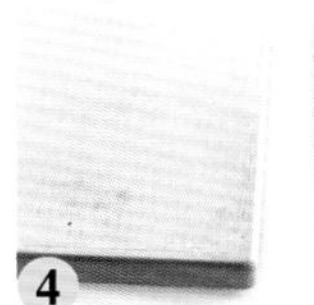

4 将烤盘倒扣，根据烤盘的大小裁出一张锡纸。

5 锡纸平铺，涂薄薄的一层植物油，将一半的肉糜放在锡纸上，用手推展开。

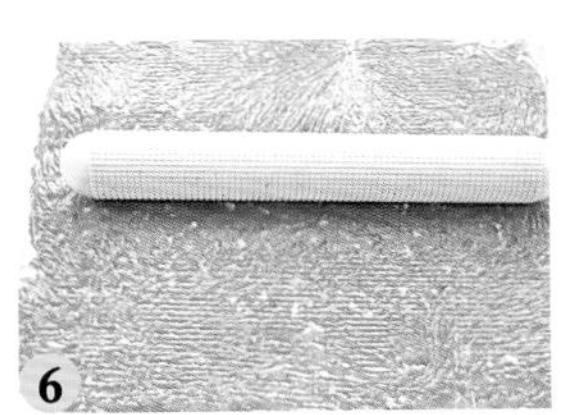

6 在肉糜上铺一张保鲜膜，用排气擀面杖将肉糜擀成厚薄均匀的片状。

7 将肉糜连同锡纸一起放入烤盘中，撕去上面的保鲜膜。

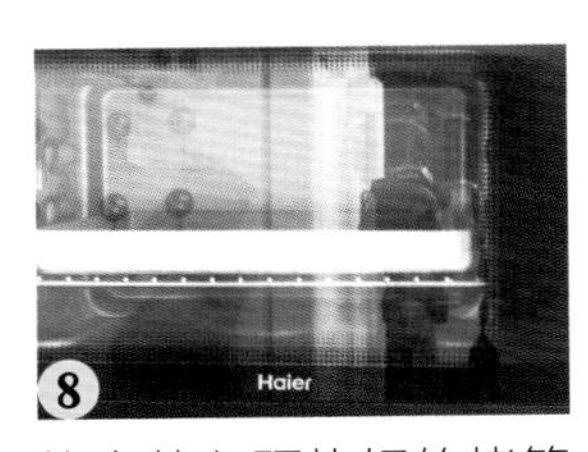

8 烤盘放入预热好的烤箱内，以 180℃上下火烤 15 分钟，取出刷一次蜂蜜水，再烤 15 分钟。

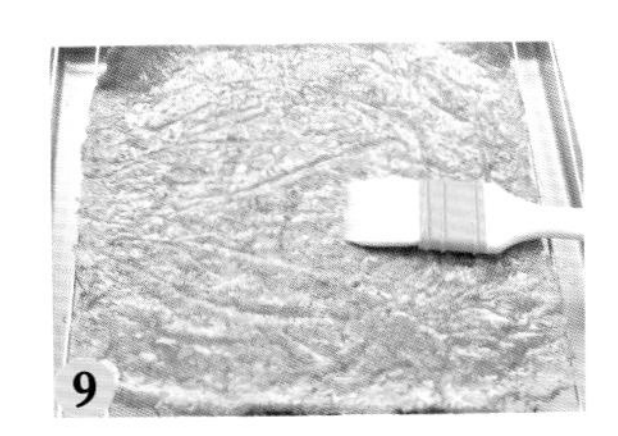

9 将烤好的肉脯取出，撕去锡纸，两面刷上蜂蜜水，放置在烤网上。

10 将烤网放入烤箱中层，底下插一个烤盘，再以 140℃上下火将两面各烤 5 分钟，取出放凉，切片即可。

芝麻酥脆糖

难度★

数量约 12 块

材料 A: 麦芽糖 22 克，红糖 32 克，转化糖浆 26 克，盐 1/4 小匙（1.25 克），清水 21 克

B: 无盐奶油 5 克

C: 黑芝麻 65 克，白芝麻 65 克

制作心得

◎ 糖的硬度和糖浆熬煮时的温度有关，当糖浆温度达到 120℃时产生黏性，熬煮至 140℃时做出来的是硬糖，可以根据个人的口感调整。

◎ 糖浆的温度很高，不要轻易用手去触摸。

步骤

1 将黑芝麻、白芝麻用平底锅炒香至表面呈微黄色，放入烤箱中，以 100℃保温。无盐奶油放入小铝杯内，一同放入烤盘内待其化开，以 100℃保温。

2 将材料 A 放入奶锅内。

3 以小火煮至 130 ~ 140℃。

4 加入炒香的黑芝麻、白芝麻及化开的无盐奶油，迅速拌匀。

5 倒至油布上。

6 用刀将其压整成方形。趁温热时切块（否则变硬不好切），趁有小小余温时放入密封容器内（否则会回潮）。

法式草莓水果软糖

难度★

数量约 32 块

材料 A：草莓 190 克
B：苹果胶 7 克，细砂糖 20 克
C：水饴 40 克，细砂糖 140 克
D：鲜榨柠檬汁 15 克
E：色拉油、细砂糖各适量

特殊工具 不粘磅蛋糕模具（8 厘米宽、16.5 厘米长、5.5 厘米高）

准备
1. 取材料 E，在模具里薄薄地刷一层色拉油，再均匀地撒一层细砂糖，放置备用。
2. 材料 B 放入小碗内，混匀备用。

步骤

1 草莓择洗净，切成小块，放入搅拌机内搅成泥状。要多搅一会儿，尽量搅打至均匀无颗粒。

2 将草莓泥倒入不粘锅内，开小火煮至 40℃，端离火口。

3 加入混合好的材料 B，搅拌均匀，继续用小火煮至草莓酱开始冒小气泡，加入材料 C。

4 继续用小火煮，边煮边搅拌，果酱会越来越浓稠，煮至温度达到 107℃时熄火，迅速加入鲜榨柠檬汁搅拌均匀。

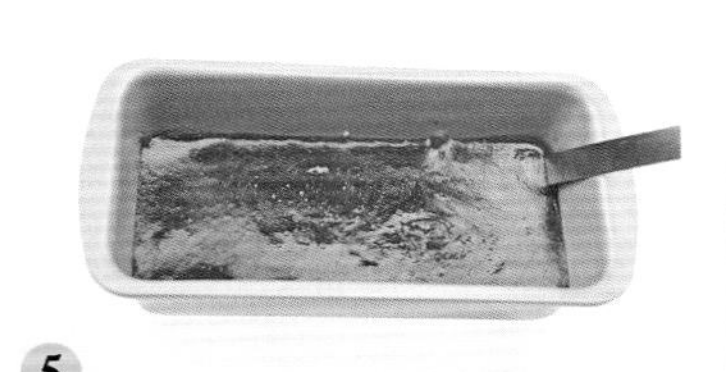

5 立即将混合好的果酱倒入模具内，晃平后移入冰箱冷藏 4 小时以上。取出模具，四周先用脱模刀小心裁开，再用脱模刀撬起糖块。

6 在取出的糖块上撒一层细砂糖（用量外）防粘，用小刀切成 1.5 厘米见方的方块，切口处也撒上细砂糖（用量外），放入密封盒子里冷藏保存即可。

花生牛轧糖

难度★★
数量 28 块

材料 花生仁 250 克，黄油 40 克，奶粉 100 克，蛋白 30 克，麦芽糖 250 克，清水 40 克，白砂糖 100 克，盐 1/2 小匙（2.5 克）

步骤

1 花生仁平铺在不粘烤盘里，放入预热至 150℃的烤箱中层，以 150℃上下火烤 12 分钟。

2 取出烤盘，花生仁晾至常温后用手搓去皮，放回烤箱以 90℃保温。

3 黄油放入不锈钢小盆内，隔热水加热成液态，放在温水中保温。

4 将清水、麦芽糖、白砂糖、盐放入不粘汤锅内，开小火熬煮。

5 糖浆温度达到 100℃时开始打发蛋白，打至硬性发泡（参见本书 p.13）。盆底要垫一盆 40℃的温水保温。

6 糖浆会越煮越浓稠，测量糖浆温度达到 140℃时离火。

7 将糖浆倒入打发好的蛋白里，注意一定不要倒到盆边或打蛋头上。

8 接着用电动打蛋器快速搅拌均匀，再加入化成液态的黄油拌匀。

9 加入奶粉，用电动打蛋器先低速再转中速搅拌，搅至充分混合均匀。

10 加入去皮花生仁，用刮刀翻拌均匀。如果太硬不好搅拌，可以使用圆形刮板。

11 趁热将拌好的花生糖平铺在油布上。

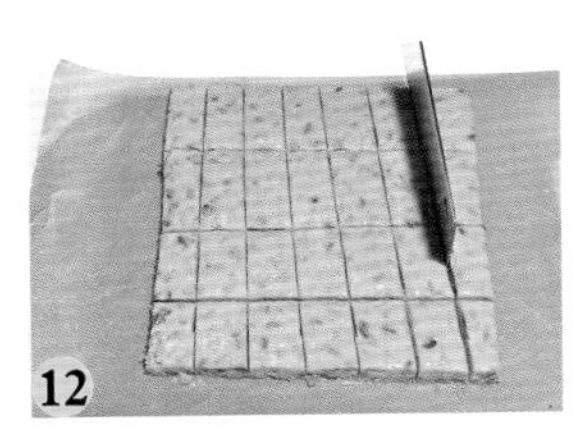

12 再在花生糖上面铺一张油布，用擀面棍擀平整后取下油布。待花生糖自然冷却后用刀切件，立即用糖纸包起来密封。

澳门木糠杯

难度★

数量 4 杯

材料 消化饼干 150 克，动物鲜奶油 350 克，炼乳 65 克，新鲜草莓（对半切开）2 颗

特殊工具 大号圆形花嘴，慕斯杯（顶部直径 7.5 厘米、底部直径 5.2 厘米、高 7 厘米）4 个

准备 将动物鲜奶油至少提前 8 小时放入冰箱的冷藏室，冷藏备用。

步骤

1 消化饼干用手掰成小块，放入搅拌机中搅碎。可使用机器的“点动”功能，多搅几次。也可将消化饼干掰碎，装入塑料袋中，用擀面棍多擀几次擀碎。

2 动物鲜奶油放入搅拌盆中，用电动打蛋器低速搅打一下，转高速搅打成半固体状。

3 加入炼乳，用电动打蛋器低速搅 3 秒钟左右至炼乳和动物鲜奶油混匀。

4 用汤匙挖一些饼干碎，平铺在慕斯杯底部。裱花袋装上裱花嘴，将打发好的鲜奶油装入裱花袋中，在慕斯杯内挤一圈奶油。

5 在奶油上撒一层饼干碎，再挤一圈奶油。每铺一层饼干碎，都要用汤匙压平整。

6 就这样一层饼干碎、一层奶油，将慕斯杯装满。移入冰箱冷藏 1 小时后，点缀草莓即可食用。